全国机械职业教育教学指导委员会"十三五"工业机器人技术专业推荐教材

李培根　宋天虎　丁汉　陈晓明/**顾问**

工业机器人拆装与调试

主　编　邱　庆

副主编　陈　燚

参　编　祝义松　熊维陵　伍田平　何娅娜

　　　　　张　红　张　波　王　毅　黄学彬

主　审　熊清平　杨海滨

参　审　杨　林　张金玲

U0278589

华中科技大学出版社

中国·武汉

内 容 简 介

　　本书根据工业机器人应用与维护专业的培养目标,结合职业院校教学改革和课程改革的要求,本着"工学结合、项目引导、任务驱动、教学做一体化"的原则而编写。主要介绍了圆柱坐标机器人、直角坐标机器人、六轴机器人等三类常用工业机器人的机械部分的装配与调试,调试程序的编写和电气部分的装调作为辅助内容出现。本书可供职业院校机器人专业作为教材使用,也可作为职工培训教材。

图书在版编目(CIP)数据

工业机器人拆装与调试/邱庆主编.—武汉:华中科技大学出版社,2016.3(2023.1重印)
全国机械职业教育教学指导委员会"十三五"工业机器人技术专业推荐教材
ISBN 978-7-5609-9703-2

Ⅰ.①工…　Ⅱ.①邱…　Ⅲ.①工业机器人-装配(机械)-高等职业教育-教材　②工业机器人-调试方法-高等职业教育-教材　Ⅳ.①TP242.2

中国版本图书馆 CIP 数据核字(2016)第 029304 号

工业机器人拆装与调试　　　　　　　　　　　　　　　　　　　　　　　　　　邱庆　主编
Gongye Jiqiren Chaizhuang yu Tiaoshi

策划编辑:俞道凯
责任编辑:吴　晗
封面设计:周　强
责任校对:张　琳
责任监印:张正林
出版发行:华中科技大学出版社(中国·武汉)
　　　　　武昌喻家山　　邮编:430074　　电话:(027)81321913
录　　排:武汉三月禾文化传播有限公司
印　　刷:武汉市籍缘印刷厂
开　　本:787mm×1092mm　1/16
印　　张:10.5
字　　数:265 千字
版　　次:2023 年 1 月第 1 版第 9 次印刷
定　　价:35.00 元

全国机械职业教育教学指导委员会"十三五"工业机器人技术专业推荐教材

编审委员会

（排名不分先后）

编写委员会

（排名不分先后）

全国机械职业教育教学指导委员会"十三五"工业机器人技术专业推荐教材

指导委员会

（排名不分先后）

序

当前，以机器人为代表的智能制造，正逐渐成为全球新一轮生产技术革命浪潮中最澎湃的浪花，推动着各国经济发展的进程。随着工业互联网云计算、大数据、物联网等新一代信息技术的快速发展，社会智能化的发展趋势日益显现，机器人的服务也从工业制造领域，逐渐拓展到教育娱乐、医疗康复、安防救灾等诸多领域。机器人已成为智能社会不可或缺的人类助手。就国际形势来看，美国"再工业化"战略、德国"工业4.0"战略、欧洲"火花计划"、日本"机器人新战略"等，均将"机器人产业"作为发展重点，试图通过数字化、网络化、智能化夺回制造业优势。就国内发展而言，经济下行压力增大、环境约束日益趋紧、人口红利逐渐摊薄，产业迫切需要转型升级，形成增长新引擎，适应经济新常态。目前，中国政府提出的"中国制造2025"战略规划，其中以机器人为代表的智能制造是难点也是挑战，是思路更是出路。

近年来，随着劳动力成本的上升和工厂自动化程度的提高，中国工业机器人市场正步入快速发展阶段。据统计，2015上半年我国机器人销量达到5.6万台，增幅超过了50%，中国已经成为全球最大的工业机器人市场。据国际机器人联合会的统计显示，2014年在全球工业机器人大军中，中国企业的机器人使用数量约占四分之一。而预计到2017年，我国工业机器人数量将居全球之首。然而，机器人技术人才急缺，"数十万高薪难聘机器人技术人才"已经成为社会热点问题。因此，机器人产业发展，人才培养必须先行。

目前，我国职业院校较少开设机器人相关专业，缺乏相应的师资和配套的教材，也缺少工业机器人实训设施。这样的条件，很难培养出合格的机器人技术人才，也将严重制约机器人产业的发展。

综上所述，要实现我国机器人产业发展目标，在职业院校进行工业机器人技术人才及骨干师资培养示范校建设，为机器人产业的发展提供人力资源支撑，就显得非常必要和紧迫。而面对机器人产业强劲的发展势头，不论是从事工业机器人系统的操作、编程、运行与管理等高技能应用型人才，还是从事一线教学的广大教育工作者都迫切需要实用性强、通俗易懂的机器人专业教材。编写和出版职业院校的机器人专业教材迫在眉睫，意义重大。

在这样的背景下，武汉华中数控股份有限公司与华中科技大学国家数控系统工程技术研究中心、武汉高德信息产业有限公司、华中科技大学出版社、电子工业出版社、武汉软件工程职业学院、包头职业技术学院、鄂尔多斯职业技术学院等单位，产、学、研、用相结合，组建"工业机器人产教联盟"，组织企业调研，并开展研讨会，编写了系列教材。

本套教材具有以下鲜明的特点。

前瞻性强。作为一个服务于经济社会发展的新专业，本套教材含有工业机器人高职人才培养方案、高职工业机器人专业建设标准、课程建设标准、工业机器人拆装与调试等内容，覆盖面广，前瞻性强，是针对机器人专业职业教学的一次有效、有益的大胆尝试。

系统性强。本系列教材基于自动化、机电一体化等专业，开设工业机器人课程；针对数控实习进行改革创新,引入工业机器人实训项目;根据企业应用需求,编写相关教材、组织师资培训,构建工业机器人教学信息化平台等:为课程体系建设提供了必要的系统性支撑。

实用性强。依托本系列教材,可以开设如下课程:机器人操作,机器人编程,机器人维护维修,机器人离线编程系统,机器人应用等。本套教材凸显理论与实践一体化的教学理念,把导、学、教、做、评等环节有机地结合在一起,以"弱化理论、强化实操,实用、够用"为目的,加强对学生实操能力的培养,让学生在"做中学,学中做",贴合当前职业教育改革与发展的精神和要求。

参与本系列教材建设的包括行业企业带头人和一线科研人员,他们有着丰富的机器人教学和实践经验。经过反复研讨、修订和论证,完成了编写工作。在这里也希望同行专家和读者对本套教材不吝赐教,给予批评指正。我坚信,在众多有识之士的努力下,本系列教材的功效一定会得以彰显,古人对机器人的探索精神,将在新的时代能够得到传承和复兴。

"长江学者奖励计划"特聘教授
华中科技大学常务副校长
华中科技大学教授、博导
2015.7.18

前　言

本书根据工业机器人应用与维护专业的培养目标,结合职业院校教学改革和课程改革的要求,本着"工学结合、项目引导、任务驱动、教学做一体化"的原则而编写。

本书的特点主要体现在以下几个方面。

第一,坚持以能力为本位,重视实践能力的培养,突出职业技术教育特色。根据机器人专业毕业生所从事职业的实际需要,合理确定学生应具备的能力结构与知识结构,对教材内容的深度、难度做了较大程度的调整;同时,进一步加强实践性教学内容,以满足企业对技能型人才的需求。

第二,吸收和借鉴了各地职业院校教学改革的成功经验。本书的编写采用了理论知识与技能训练一体化的模式,使内容更加符合学生的认知规律,易于激发学生的学习兴趣。

第三,根据科学技术的发展,合理更新内容,尽可能多地在书中充实新知识、新技术、新设备和新材料等方面的内容,力求使本书具有较鲜明的时代特征,同时,在本书的编写过程中,严格贯彻了国家有关技术标准的要求。

第四,在编写模式方面,尽可能使用图片、实物照片或表格形式,将各个知识点生动地展示出来,力求给学生营造一个更加直观的认知环境。同时,针对相关知识点,设计了很多贴近生活的导入和互动训练等,意在引导学生参与到实践中来。

第五,因本门课程的先导课程为"工业机器人操作与编程"和"工业机器人电气控制与维修",经过这两门课程的学习,学生已基本具备工业机器人操作、编程能力和电气控制与维修能力,所以在本书的编写过程中,主要强调圆柱坐标机器人、直角坐标机器人、六轴机器人等三类常用工业机器人的机械部分的装配与调试,调试程序的编写和电气部分的装调作为辅助内容。

本书可供职业院校作为机器人专业教材使用,也可作为职工培训教材。

本书的参考学时为96学时,建议采用理论实践一体化教学模式,各项目的参考学时见学时分配表。

学时分配表

项　　目	课　程　内　容	学　　时
绪论	工业机器人的认知	6
项目一	圆柱坐标机器人的装配与调试	20
项目二	直角坐标机器人的装配与调试	20
项目三	六轴机器人的装配与调试	48
	机动(考核)	2
	课时总计	96

　　本书由重庆市机械高级技工学校与重庆华数机器人有限公司联合编写。重庆市机械高级技工学校邱庆任主编,陈燚任副主编,重庆市华数机器人有限公司王毅、黄学彬和重庆市机械高级技工学校祝义松、熊维陵、伍田平、何娅娜、张红、张波参编,本书由武汉华中数控股份有限公司熊清平、重庆华数机器人有限公司杨海滨主审,重庆华数机器人有限公司杨林、重庆市机械高级技工学校张金玲参审。

　　由于编者水平有限,编写时间仓促,书中难免存在错误和不妥之处,恳切希望广大读者批评指正。

编　者
2015 年 5 月

目　录

绪论　工业机器人的认知

任务一　了解工业机器人常用传动机构及工作原理

工业机械人中常用的传动方式有机械传动、气压传动、液压传动等三种方式,下面对三种传动方式作简单介绍。

一、机械传动

(一)机械传动的分类

根据传动方式的不同,机械传动可分为摩擦轮传动、带传动、螺旋传动、链传动、蜗杆传动和齿轮传动等六种,如图 0-1-1 所示。

图 0-1-1　机械传动的分类

(二)常用的机械传动

1. 带传动

1)带传动的工作原理

带传动由主动轮 1、从动轮 2 和紧套在两轮上的挠性带 3 组成,如图 0-1-2 所示。带传动是利用带作为中间挠性件,依靠带与带轮之间的摩擦力或啮合力来传递运动和动力的。

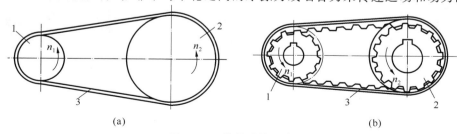

(a)　　　　　　　　　　　　　　　　　　(b)

图 0-1-2　带传动的组成

(a)摩擦型带传动　(b)啮合型带传动

1—主动轮;2—从动轮;3—挠性带

2）带传动的类型

根据工作原理的不同，带传动分为摩擦型带传动（见图 0-1-2（a））和啮合型带传动（见图 0-1-2（b））。属于摩擦型带传动的有平带传动（见图 0-1-3（b））、V 带传动（见图 0-1-3（c））和圆带传动（见图 0-1-3（d））；属于啮合型带传动的有同步带传动（见图 0-1-2（b））。常用的带传动有平带传动和 V 带传动。

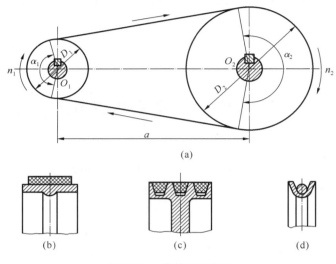

（a）

（b）　　　　　　　　　（c）　　　　　　　　　（d）

图 0-1-3　带传动示意图

（a）传动原理　（b）平带　（c）V 带　（d）圆带

3）带传动的特点及应用

带传动富有弹性，结构简单，传动平稳，噪声小，能缓冲振动，过载时会在带轮上打滑，对其他零件起过载保护作用，适用于中心距较大的传动。但不能保证准确的传动比，传动效率低，使用寿命短，不宜在高温、易燃及有油、水的场合下使用。

2．链传动

1）链传动的工作原理

链传动由链条和具有特殊齿形的链轮组成，通过链轮轮齿与链条的啮合来传递运动和动力，如图 0-1-4 所示。

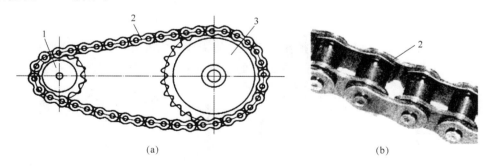

（a）　　　　　　　　　　　　　　　　　（b）

图 0-1-4　链传动简图

1,3—链轮；2—链条

（a）链传动　（b）链条

2）链的类型

按用途不同，链可分为以下三类。

传动链:应用范围最广,主要用于一般机械中传递运动和动力,也可用于输送物品等场合。

输送链:用于输送工件、物品和材料,可直接用于各种机械上,也可以组成链式输送机作为一个单元出现。

曳引链(曳引起重链):主要用于传递力,起牵引、悬挂物品的作用,兼做缓慢运动。

3)链传动的特点及应用

一般链传动的传动比 $i \leqslant 6$,两轴中心距 $a \leqslant 6$ m,传递功率 $P \leqslant 100$ kW,链条速度 $v \leqslant 15$ m/s。与带传动比较,链传动具有准确的平均传动比,传动功率大,效率高,但工作时有冲击和噪声,因此,链传动多用于传动平稳性要求不高,中心距较大,平行轴传动的场合。

3.齿轮传动

1)齿轮传动的工作原理

齿轮传动是利用两个齿轮轮齿间的啮合来传递运动和动力的。

2)齿轮传动的常用类型

齿轮传动的分类方法很多,主要有下述几种分类法,如图 0-1-5 所示。

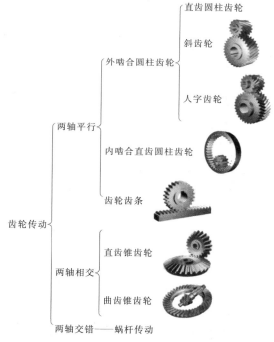

图 0-1-5　齿轮传动常用类型

3)齿轮传动的特点及应用

齿轮传动是目前各类机械传动中应用最广泛的一种传动方式,其特点如下。

(1)适用范围广,传递的功率和速度范围大。

(2)能保证瞬时传动比恒定,运转平稳,传递运动准确可靠。

(3)结构紧凑,可实现较大的传动比(一般圆柱齿轮 $i = 5 \sim 8$)。

(4)传动效率高(一般 $\eta = 0.94 \sim 0.99$),而且使用寿命长。

(5)齿轮的制造和安装精度要求高。

(6)不宜用于两轴相距较远时的传动。

4）齿轮传动的基本要求

一对齿轮的啮合传动是个复杂的运动过程，为了保证正常传动，从传递运动和动力两方面考虑，必须满足以下两个基本要求。

（1）传动平稳。即要求齿轮在传动过程中，瞬时传动比恒定，噪声、冲击和振动要小。

（2）承载能力强。即要求齿轮的尺寸小、重量轻、强度高、耐磨性好、能传递较大的动力，而且使用寿命长。

4.螺旋传动

1）螺旋传动的特点

螺旋传动由螺杆和螺母构成。它能将旋转运动转变为直线运动，当螺旋升角大于摩擦角时，也可将直线运动转变为旋转运动，若小于则不能，即具有自锁功能；能用较小的转矩获得很大的推力；可获得很大的传动比；有较高的运动精度，且传动平稳。

2）螺旋转动的分类

（1）根据螺杆和螺母的相对运动关系，将螺旋传动的常用运动形式分为以下两种。

① 螺杆传动，螺母移动，多用于机床的进给机构中（见图 0-1-6(a)）。

② 螺母固定，螺杆转运并移动，多用于螺旋起重器或螺旋压力机中（见图 0-1-6(b)）。

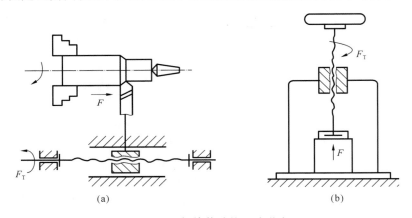

图 0-1-6　螺旋传动的运动形式
（a）机床的进给丝杠　（b）压力机

（2）螺旋传动按螺杆和螺母之间的摩擦状态，可分为滑动螺旋传动、滚动螺旋传动、滚滑螺旋传动和液压螺旋传动四种。

① 滑动螺旋传动。滑动螺旋摩擦因数比其他三种大，传动效率低，低速时有爬行现象，但抗冲击性较强。采用单螺母时，因螺纹有侧隙，反转有空行程，定位精度较低，采用双螺母预紧可消除间隙，但摩擦较大。滑动螺旋的结构简单，加工及安装精度要求低，成本低。

② 滚动螺旋传动。滚动螺旋的摩擦因数低，传动效率高达 90%，低速时无爬行，传动平稳，但高速时有噪声，抗冲击性差。采用预紧办法可提高定位精度。滚动螺旋的结构复杂，制造工艺较复杂，需要由专业厂加工制造，成本高。

③ 滚滑螺旋传动。滚滑螺旋的螺母由三个无螺旋升角的环形滚柱组成，摩擦状态既有滑动摩擦又有滚动摩擦。滚滑螺旋的摩擦因数介于滑动摩擦和滚动摩擦之间，低速时无爬行，传动平稳，但抗冲击性较差。结构较复杂，加工及安装精度要求较高，成本较低。

④ 液压螺旋传动。液压螺旋的螺杆与螺母之间充满了液体，处于液体摩擦状态；液压螺旋摩擦因数很低，传动灵敏；效率高达 99%，能实现微传量移动，能实现反正转无间隙，定

位精度及轴向刚度高;结构复杂,牙形角较小,加工困难,加工及安装精度要求高,成本高。

图 0-1-7 蜗杆传动
1—蜗杆;2—蜗轮

5.蜗杆传动

1)蜗杆传动的工作原理

蜗杆传动由蜗杆和蜗轮组成,用来传递空间交错轴间的运动和动力,通常两轴空间垂直交错成 90°。一般以蜗杆为主动件,蜗轮为从动件,如图 0-1-7 所示。

2)蜗杆传动的常用类型

根据蜗杆的形状不同,常用的蜗杆传动可分为圆柱蜗杆传动(见图 0-1-8)和圆弧面蜗杆传动(见图 0-1-9)两大类,其中圆柱蜗杆传动应用较广泛。

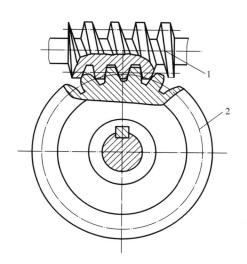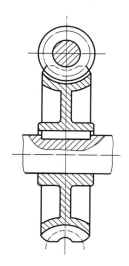

图 0-1-8 圆柱蜗杆传动
1—蜗杆;2—蜗轮

圆柱蜗杆传动按蜗杆齿形又可分为阿基米德蜗杆传动(又称普通圆柱蜗杆传动)和渐开线蜗杆传动等。因为阿基米德蜗杆(见图 0-1-10)加工简单,所以应用最广。

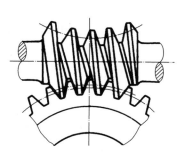

图 0-1-9 圆弧面蜗杆传动

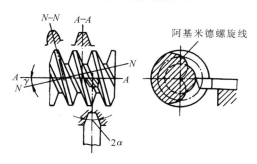

图 0-1-10 阿基米德蜗杆

3)蜗杆、蜗轮的旋向和转向判定

蜗杆外形类似于螺杆,有左旋和右旋、单头和多头之分;蜗轮的形状与斜齿轮相似,但轮齿沿齿宽方向呈弧形,以改善齿面的接触情况。

蜗杆传动装置中,蜗轮的转动方向(转向)不仅与蜗杆的转向有关,还与其螺旋方向(旋向)有关。

(1)旋向判定　蜗杆、蜗轮旋向的判定方法与斜齿轮一样,即将蜗杆、蜗轮的轴线垂直于水平面放置,轮齿齿线右边较高者为右旋;轮齿齿线左边较高者为左旋,如图0-1-11所示。

图0-1-11　蜗杆、蜗轮旋向判定

(2)转向判定　若已知蜗杆转向和旋向,蜗轮转向的判定方法为:当蜗杆是右旋(或左旋)时,伸出右手(或左手)半握拳,四指顺着蜗杆的转动方向,大拇指指向的相反方向即为蜗轮转动方向,如图0-1-12所示。

4)蜗杆传动的特点及应用

蜗杆传动与齿轮传动相比,主要有以下特点。

(1)传动比大且准确,结构紧凑。

(2)传动平稳,噪声小。

(3)具有自锁性能。当蜗杆导程角小于摩擦角时,蜗轮不能带动蜗杆,可用于需要反向自锁的起重设备等。如图0-1-13所示的手动葫芦就利用了蜗杆传动的这个特性,能使重物停留在任意升降位置,而不会自动下落。

(4)发热和磨损较严重,传动效率低。

(5)成本较高,因为蜗轮需采用较贵重的青铜制造。

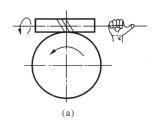
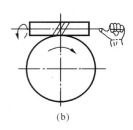
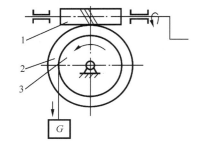

(a)　　　　　　　　　　(b)

图0-1-12　蜗轮转向判定图

图0-1-13　手动葫芦原理图

1—蜗杆;2—蜗轮;3—卷筒

二、气压传动

气压传动是以压缩气体为工作介质,靠气体的压力传递动力或信息的传动。传递动力的系统是将压缩气体经由管道和控制阀输送给气动执行元件,把压缩气体的压力能转换为机械能而做功;传递信息的系统是利用气动逻辑元件或射流元件以实现逻辑运算等功能,也称气动控制系统。

（一）工作原理

以气动剪切机来说明气压传动的工作原理,如图0-1-14所示。

空气压缩机1由电动机驱动,产生的压力经过空气冷却器2、油水分离器3进行降温及初步净化后,送入储气罐4备用;再经气动三大件(分水滤气器5、油水分离器6和油雾器7)、换向阀9到达气缸活塞10上腔。剪切机剪口张开,处于预备工作状态。送料机构将坯料12送到剪切机并达到预定位置(行程阀8的触头向左推)时,换向阀9的下腔经行程阀8与大气相通。在弹簧作用下阀芯下移,使气缸上腔连通大气而下腔进入压缩空气,活塞10连同动剪刀11也快速向上运动将坯料12切下。坯料12落下后,行程阀8复位。换向阀9

下腔气压上升,阀芯恢复到图示位置,活塞 10 下移剪口张开。剪切机再次处于预备状态。此外,还可根据需要,在气路中增设节流阀来控制剪刃的运动速度。通过调整压缩空气压力来调整剪切力。

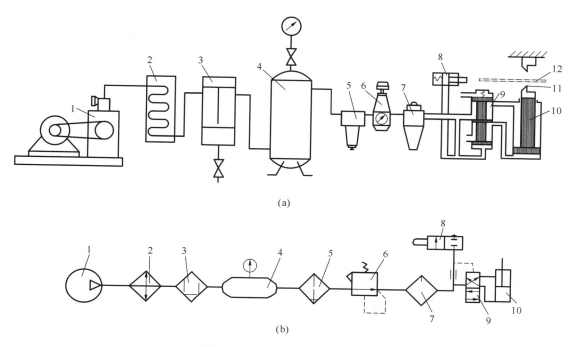

(a)

(b)

图 0-1-14　气压传动的工作原理

（a）结构简图　（b）图形符号

1—空气压缩机；2—空气冷却器；3—油水分离器；4—储气罐；5—分水滤气器；6—油水分离器；7—油雾器；
8—行程阀；9—换向阀；10—气缸活塞；11—剪刃；12—坯料

（二）气压传动系统的组成

（1）气源装置。将机械能转化成为压力能的装置,常见的气源装置为空气压缩机。

（2）执行元件。将压力能转换成为机械能的装置,执行元件为气缸或气动马达。

（3）控制元件。控制压缩空气的压力、流量流动方向及执行元件顺序的元件,例如压力控制阀、流量阀、方向阀、逻辑元件和行程阀等。

（4）辅助元件。辅助元件为使空气净化、润滑、消声及用于元件间连接的元件,如过滤器、油雾器、消声器、管接头、压力表等。

（三）气压传动的优缺点

1.气压传动的优点

（1）以空气为传动介质,介质取之不尽,用之不竭,成本低,用过的空气直接排到大气中,处理方便,不污染环境。

（2）空气的黏度很小,因而在流动时阻力损失小,便于集中供气、远距离传输和控制。

（3）工作环境适应性好,特别是在易爆、多尘埃、强磁、辐射及振动等恶劣环境中工作,比液压、电子、电气控制优越。

（4）维护简单,使用安全可靠,过载能自动保护。

2.气压传动的缺点

（1）空气的可压缩性较大,工作速度稳定性较液压传动差。

（2）工作压力低,且结构尺寸不宜过大。

（3）工作介质无润滑性能,需要设润滑辅助元件。

（4）工作时噪声大,需要加消声器。

（四）气压传动的用途

由于空气的可压缩性大,工作压力低,故气压传动传递动力小,运动也不够平稳,但空气黏度小,流动过程阻力小,速度快,反应灵敏,因而能用于较远距离的传递。主要运用在机械、汽车、冶金、石油及铁路交通等行业,而新型气动元件和系统的出现,配合电子控制使得气动技术在更多的领域得到了应用。包括灌装机械、食品饮料机械、造纸机械、印刷机械是气动技术广泛应用的市场,各种注塑机、成型机也离不开气动技术。

三、液压传动

液压传动是以液体为工作介质,利用液体压力来传递动力和进行控制的一种传动方式。液压油在压缩过程中体积几乎不变。

以机床工作台为例来说明液压传动的工作原理。机床运动有三种可能性,向左运动、向右运动和停止状态,图 0-1-15 所示的液压传动能满足这个要求。

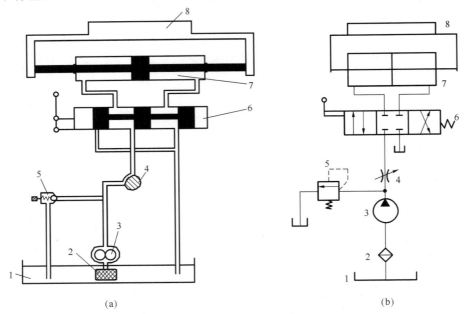

图 0-1-15　机床工作台的工作原理

（a）结构简图　（b）图形符号

1—油箱；2—过滤器；3—液压泵；4—节流阀；5—溢流阀；6—换向阀；7—液压缸；8—工作台

（一）工作原理

图 0-1-15 所示为机床工作台的工作原理。

液压泵 3 由电动机带动旋转,从油箱 1 经过过滤器 2 吸油,液压泵排出的压力油先经过节流阀 4 再经过换向阀 6 进入液压缸 7 的左腔,推动活塞和工作台 8 向右运动。液压缸右腔的油液经过换向阀 6 和回油管返回油箱。若换向阀 6 处于左端位置（手柄向左扳动）时,活塞及工作台反向运动。当换向阀位于中间位置时,整个系统不动作。改变节流阀 4 的开口大小,可以改变进入液压缸的液压油流量,实现工作台运动速度的调节,多余的液压油流量经过溢流阀 5 排回油箱。液压缸的工作压力由活塞运动所克服的负载决定。液压泵的工作压力由溢流阀 5 调定,其值略高于液压缸的工作压力。系统的最高工作压力通常在溢流阀的调定值内。

（二）液压系统的组成

（1）动力装置。动力装置是指液压泵,其功能是将原动机输出的机械能转换成液体的压力能,为系统提供动力。如齿轮泵、叶片泵、柱塞泵等。

（2）执行元件。执行元件包括液压缸或液压马达等。

（3）控制元件。控制元件包括压力控制阀、流量控制阀和方向控制阀等。

（4）辅助元件。辅助元件包括管道、管接头、油箱、过滤器和冷却器等。

（三）液压系统的优缺点

1. 主要优点

（1）体积小、重量轻,输出的功率大。

（2）可在大范围内实现无级调节,且调节方便,调速范围宽,可达 2000∶1。

（3）易于实现过载保护,安全可靠。

（4）液压元件已经系列化、标准化,便于液压系统的设计、制造、使用和维修。

（5）易于控制和调节,便于与电气控制、微机控制等新技术相结合,实现数字控制,以实现自动化。

2. 主要缺点

（1）液压传动系统中存在的泄漏和油液的压缩性,影响了传动的准确性,不易实现定比传动。

（2）对油温变化比较敏感,不易于在温度很高或很低的条件下工作。

（3）由于受液压流动阻力和泄漏的影响,液压传动的效率不高。

（四）液压传动的用途

液压传动广泛应用于各个工业领域的技术装备上,例如机械制造、工程、建筑、矿山、冶金、军用、船舶、石化、农林等机械。不仅航空航天工业,在采矿、海洋开发等得到了广泛的应用,日常生活中见得比较多的液压挖掘机、液压起重机、叉车等也应用了液压传动。

四、机器人装配的基本准备工作

1. 机器人简单运动

通过示教器手动示教机器人运动,确定机器人各个轴能够运动,以防止在拆装以后,不能够正常运行,不能运动时也能够找到故障原因,确定故障部件。

2. 排油准备

由于在机器人运动过程,机器人减速器必须在足够的油脂下才能够正常运行。所以需要准备好各个轴的减速器的油脂,J4 轴、J5 轴和 J6 轴减速器自带油脂,不需要排出。J1 轴、J2 轴和 J3 轴需要排出油脂:J1 轴排出油脂量为 400 mL;J2 轴排出油脂量为 400 mL;J3 轴排出油脂量为 360 mL。

3. 排油方法

（1）取下 J1 轴出油口和进油口的螺钉。

（2）在进油口用气管向减速器里面吹气,出油用特制工具把油导出。

（3）当油脂吹出量非常小时,通过示教器转动 J1 轴,继续往里面吹气,吹出油脂,直至没有油脂吹出为止。

注意事项如下。

① 油脂是 Nabtesco 公司制造的润滑脂,黄色,浓稠度高。在吹油脂的时候须带上防护

眼镜,以防油脂溅到身体上或者眼睛里。

② 在转动轴的时候,速度调慢。因为在吹出油脂的时候,减速器里面的油脂过少,高速运动的情况下易损坏减速器。

③ 在排油时,注意力要集中,握紧气管,不要使气管乱摆。

④ 清理装配桌上要使用的工具,整齐摆放在桌面上(工具包括:加长内六角扳手、内六角扳手、套筒、橡胶锤、卡簧钳、铜棒、扭力扳手、电筒等)。

⑤ 拆装实验前,请认真熟读附件内容。

思考与练习

1.在工业机械人中,常用的传动方式有哪些?

2.简述气压传动的优、缺点。

3.液压系统由哪几部分组成?

任务二 了解工业机器人常用电气元件及工作原理

工业机械人中的电气系统是由变压器、开关电源、继电器、交流接触器、伺服驱动器、变频器等电气元件组成的。本任务主要介绍常见传感器的相关知识和华数 HNC-8 系统 PLC的规格参数,便于大家在安装、调试机器人过程中使用。

一、常用传感器

(一)概述

1.传感器的概念

传感器(transducer/sensor)是能感受规定的被测量并按照一定规律转换成可输出信号的器件或装置。

目前,传感器转换后的信号大多为电信号。因而从狭义上讲,传感器是把外界输入的非电信号转换成电信号的装置。

2.传感器的构成

传感器由敏感器件、转换元件和基本转换电路组成。敏感器件的作用是感受被测物理量,并对信号进行转换输出。转换元件和基本转换电路则是对敏感器件输出的电信号进行放大、阻抗匹配,以便于后续仪表接入。其构成方框图如图 0-2-1 所示。

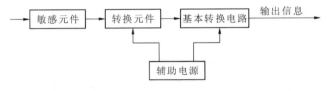

图 0-2-1 传感器的构成

3.传感器的分类

传感器的分类如表 0-2-1 所示。

表 0-2-1　传感器的分类

分类方式	传感器名称
按被测量分	位移传感器
	力传感器
	滑觉传感器
	压力传感器
	流量传感器
	温度传感器
按信号变换特征分	能量转换型（有源）
	能量控制型（无源）
按工作原理分	电阻应变式传感器
	电容式传感器
	电感式传感器
	光电式传感器
	光纤传感器

（二）常用传感器介绍

1.电阻应变式传感器

1）概述

电阻应变式传感器（straingauge type transducer）是以电阻应变计为转换元件的传感器。电阻应变式传感器由弹性敏感元件、电阻应变计、补偿电阻和外壳组成，可根据具体测量要求设计成多种结构形式。弹性敏感元件受到所测量的力而产生变形，并使附着在其上的电阻应变计一起变形。电阻应变计再将变形转换为电阻值的变化，从而可以测量力、压力、扭矩、位移、加速度和温度等多种物理量。

2）实物图形

电阻应变式传感器的实物图如图 0-2-2 所示。

3）特点及应用

常用的电阻应变式传感器有应变式测力传感器、应变式压力传感器、应变式扭矩传感器、应变式位移传感器、应

图 0-2-2　电阻应变式传感器
实物图

变式加速度传感器和测温应变计等。电阻应变式传感器的优点是精度高，测量范围广，寿命长，结构简单，频率响应特性好，能在恶劣条件下工作，易于实现小型化、整体化和品种多样化等。它的缺点是对大应变有较大的非线性输出，输出信号较弱，但可采取一定的补偿措施。因此它广泛应用于自动测试和控制技术中。

2.电容式传感器

1）概述

电容式传感器（capacitive type transducer）是把被测的机械量（如位移、压力等）转换为电容量变化的传感器。它的敏感部分就是具有可变参数的电容器。电容器最常用的形式是由两个平行电极组成、极间以空气为介质。若忽略边缘效应，平板电容器的电容为 $\varepsilon S/d$（其中：ε为极间介质的介电常数，S为两极板互相覆盖的有效面积，d为两电极之间的距离）。d、S、ε三个参数中任一个的变化都将引起电容量变化，并可用于测量。因此电容式传感器可分为极距变化型、面积变化型、介质变化型三类。极距变化型电容式传感器一般用来测量微小的线位移或由于力、压力、振动等引起的极距变化。面积变化型电容式传感器一般用于测量角位移或较大的线位移。介质变化型电容式传感器常用于物位测量和各种介质的温度、密度、湿度的测定。

2）实物图形

电容式传感器的实物图如图0-2-3所示。

图0-2-3　电容式传感器实物图

3）特点及应用

电容式传感器的优点是结构简单，价格便宜，灵敏度高，零磁滞，真空兼容，过载能力强，动态响应特性好和对高温、辐射、强振等恶劣条件的适应性强等。缺点是输出有非线性，寄生电容和分布电容对灵敏度和测量精度的影响较大，以及连接电路较复杂等。

（三）电感式传感器

1. 概述

电感式传感器（inductance type transducer）是利用电磁感应把被测的物理量如位移、压力、流量、振动等转换成线圈的自感系数和互感系数的变化，再由电路转换为电压或电流的变化量输出，实现非电量到电量的转换。

2. 实物图形

电感式传感器实物图如图0-2-4所示。

图0-2-4　电感式传感器实物图

3. 特点及应用

电感式传感器具有结构简单、动态响应快、易实现非接触测量等突出的优点，特别适合用于酸类、碱类、氯化物、有机溶剂、液态 CO_2、氨水、PVC 粉料、灰料、油水界面等液位测量，目前在冶金、石油、化工、煤炭、水泥、粮食等行业中应用广泛。

4.光电式传感器

1）概述

光电式传感器（photoelectric transducer）是基于光电效应的传感器，在受到可见光照射后即产生光电效应，将光信号转换成电信号输出。它除能测量光强之外，还能利用光线的透射、遮挡、反射、干涉等测量多种物理量，如尺寸、位移、速度、温度等，因而是一种应用极广泛的重要敏感器件。光电测量时不与被测对象直接接触，光束的质量又近似为零，在测量中不存在摩擦和对被测对象几乎不施加压力，因此在许多应用场合，光电式传感器比其他传感器有明显的优越性。其缺点是在某些应用方面，光学器件和电子器件价格较高，并且对测量的环境条件要求较高。

2）实物图形

光电式传感器实物图如图 0-2-5 所示。

3）特点及应用

光电检测方法具有精度高、反应快、非接触等优点，而且可测参数多。其传感器的结构简单，形式灵活多样，体积小。近年来，随着光电技术的发展，光电式传感器已成为系列产品，其品种及产量日益增加，用户可根据需要选用各种规格的产品。光电式传感器广泛应用于机电控制、计算机、国防科技等方面。

5.光纤传感器

1）概述

光纤传感器的基本工作原理是将来自光源的光信号经过光纤送入调制器，使待测参数与进入调制区的光相互作用后，导致光的光学性质（如光的强度、波长、频率、相位、偏振态等）发生变化，成为被调制的信号源，在经过光纤送入光探测器，经解调后，获得被测参数。

2）实物图形

光纤传感器实物图如图 0-2-6 所示。

图 0-2-5　光电式传感器实物图　　　　　　图 0-2-6　光纤传感器实物图

3）特点及应用

与传统的各类传感器相比，光纤传感器用光作为敏感信息的载体，用光纤作为传递敏感信息的媒质，具有光纤及光学测量的特点，有一系列独特的优点：电绝缘性能好，抗电磁干扰能力强，非侵入性，高灵敏度，容易实现对被测信号的远距离监控，耐腐蚀，防爆，光路有挠曲性，便于与计算机连接。

光纤传感器的应用范围很广，几乎涉及国民经济和国防上所有重要领域和人们的日常生活，尤其可以在恶劣环境中安全有效地使用，解决了许多行业多年来一直存在的技术难题，具有很大的市场需求。

传感器朝着灵敏、精确、适应性强、小巧和智能化的方向发展,它能够在人达不到的地方(如高温区,或者对人有害的地区如核辐射区)代替人作业,而且还能超越人的生理界限,接收人的感官所感受不到的外界信息。

二、可编程控制器(PLC)

不同规格的PLC,其程序容量、功能指令数、寄存器使用范围都有所不同。本书中所使用的PLC为华数HNC-8系统专用,在此以华数HNC-8系统为例介绍其相关参数。具体情况如表0-2-2所示。

表0-2-2 华数HNC-8系统PLC相关参数

编程语言	Ladder,STL
第一级程序执行周期	1 ms
程序容量	
梯形图	5000行
语句表	10000行
符号名称	100条
指令	
单字节内部继电器(R)	400 B(R0～R399)
双字节内部继电器(W)	400 B(W0～W199)
四字节内部继电器(D)	400 B(W0～W99)
定时器(T)	128(T0～W127)
计时器(C)	128(C0～C127)
子程序(S)	—
标号(L)	—
用户自定义参数(P)	200(P0～P199)
保持型存储区	
定时器(T)	128(T300～W427)
计时器(C)	128(C300～C427)
四字节寄存器(B)	200 B(B0～B49)
I/O模块	
输入(X)	X0～X512
输出(Y)	Y0～Y512

思考与练习

1.传感器按工作原理可分为哪些?

2.简述光电式传感器的优、缺点。

项目一　圆柱坐标机器人的装配与调试

项目描述

完成华数 HSR-HL403 圆柱坐标机器人的装配与调试。本机器人主要应用于冲压设备的物料转运（上、下料），为专用机械。

项目目标

- 能对圆柱坐标机器人的机械部分进行装配与调试。
- 能对圆柱坐标机器人的电气系统进行装配与调试。
- 能完成圆柱坐标机器人整机的装配与调试。

任务一　圆柱坐标机器人机械部分的装配与调试

知识目标

- 了解线性滑轨的工作原理。
- 了解滚珠丝杠的工作原理。
- 了解减速器结构和密封、换油要求。

技能目标

- 能安装圆柱坐标机器人线性滑轨和滚珠丝杠。
- 能安装调试 RV 减速器。
- 能正确使用安装工具。

任务描述

根据图样要求，完成华数 HSR-HL403 圆柱坐标机器人机械部分的安装与调试。如图 1-1-1 所示。

知识准备

一、RV 减速器

（一）减速器概述

减速器（又称减速机、减速箱）是一种独立的传动装置。它由密闭的箱体、相互啮合的一对或几对齿轮（或蜗轮蜗杆）、传动轴及轴承等组成。常安装在电动机（或其他原动机）与工作机之间，起降低转速和增大转矩的作用。

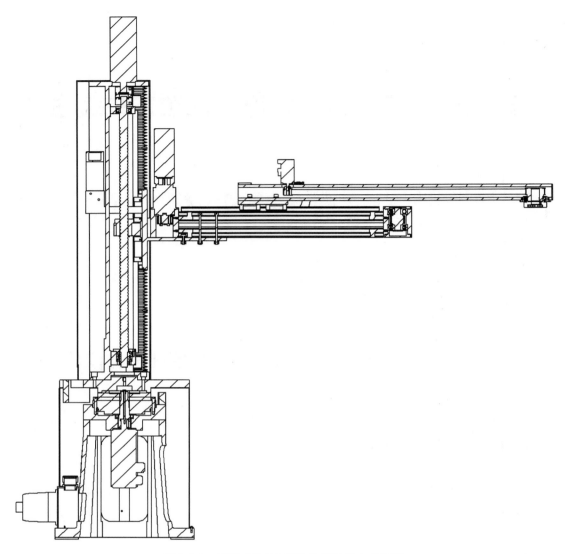

图 1-1-1　HSR-HL403 圆柱坐标机器人总装图

（二）减速器的特点

减速器的特点是结构紧凑，传递功率范围大，工作可靠，寿命长，效率较高，使用和维护简单，应用非常广泛。它的主要参数已经标准化，并由专门工厂进行生产。一般情况下，按工作要求，根据传动比、输入轴功率和转速、载荷工况等，可选用标准减速器，必要时也可自行设计制造。

（三）减速器的分类

减速器的类别、品种、形式很多，目前已制定为行（国）标的减速器有 40 余种。减速器的类别可根据所采用的传动原理、齿轮齿形、齿廓曲线来进行划分的；减速器的形式是在基本结构的基础上，根据齿面硬度、传动级数、轴伸形式、装配形式、安装形式、连接形式等因素而设计的。

减速器按传动原理可分为普通减速器和行星减速器两大类。普通减速器的类型很多，一般可分为圆柱齿轮减速器、锥齿轮减速器、蜗杆减速器，以及齿轮-蜗轮减速器等。按照减速器的级数不同,又分为单级、两级和三级减速器。此外,还有立式与卧式之分。本项目主要介绍 RV 减速器,如图 1-1-2 所示。

RV 传动是在摆线针轮传动的基础上发展起来的一种新型传动,RV 传动系统具有体积小、重量轻、传动比范围大、传动效率高等一系列优点,比单纯的摆线针轮行星传动系统具有更小的体积和更大的过载能力,且输出轴刚度大,因而在国内外受到广泛重视,在机器人的传动系统中,已在很大程度上用 RV 传动取代单纯的摆线针轮行星传动和谐波传动。

1. RV 减速器传动原理及机构特点

如图 1-1-3 所示为 RV 减速器传动简图。它由渐开线圆柱齿轮行星减速机构和摆线针轮行星减速机构两部分组成。渐开线行星轮 2 与曲柄轴 3 连成一体,作为摆线针轮传动部分的输入。如果渐开线中心轮 1 顺时针方向旋转,那么渐开线行星轮 2 在公转的同时还有逆时针方向自转,并通过曲柄轴带动摆线轮做偏心运动,此时,摆线轮 4 在沿其轴线公转的同时,还将顺时针自转。同时还通过曲柄轴推动钢架结构的输出机构顺时针方向转动。

图 1-1-2　RV 减速器

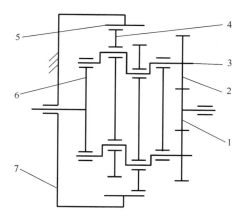

图 1-1-3　RV 减速器传动简图

1—中心轮;2—行星轮;3—曲柄轴;4—摆线轮;
5—针齿;6—输出轴;7—针齿壳

2. 传动特点

RV 传动作为一种新型传动,其基本特点可以概括如下。

(1)如果传动机构置于行星架的支承主轴承内,那么这种传动装置的轴向尺寸可大大缩小。

(2)采用二级减速机构,处于低速级的摆线针轮行星传动更加平稳,同时由于转臂轴承个数增多且内外环相对转速下降,其寿命也可大大提高。

(3)只要设计合理,就可以获得很高的运动精度和很小的回差。

(4)RV 传动的输出机构采用两端支承的尽可能大的刚性圆盘,比一般摆线减速器的输出机构具有更大的刚度,且抗冲击性能也有很大提高。

(5)传动比范围大。因为即使摆线轮齿数不变,只改变渐开线齿轮齿数就可以得到多种传动比。其传动比 $i = 31 \sim 171$。

(6)传动效率高,其传动效率 $\eta = 0.85 \sim 0.92$。

（四）RV减速器安装规程

RV减速器安装尺寸如图1-1-4所示。各螺钉的固定力矩和固定力如表1-1-1所示。由于输出轴紧固用螺钉尺寸不同，请务必确认装配之后各螺钉是否按规定的力矩紧固。

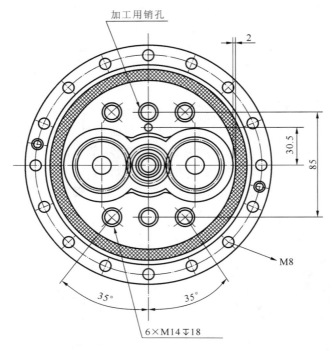

图 1-1-4 RV减速器安装尺寸

表 1-1-1 各螺钉的固定力矩和固定力

螺 钉 规 格	固定力矩/N·m	固定力/N
M5×0.8	9.01±0.49	9 310
M6×1.0	15.6±0.78	13 180
M8×1.25	37.2±1.86	23 960
M10×1.5	73.5±3.43	38 080
M12×1.75	128.4±6.37	55 100
M14×2.0	204.8±10.2	75 860
M16×2.0	318.5±15.9	103 410

（1）固定输出轴M8螺钉（12.9级），先等边三角形插入螺钉，通过力矩扳手拧紧，力矩值为（37.2±1.86）N·m。

（2）在安装面上请务必使用液态密封剂。使用密封剂时注意密封剂的量：不要太多，以免密封剂流入减速器内部；也不要太少，使得密封不良。如图1-1-5所示。

（3）固定安装座M14螺钉（12.9级），先对角插入螺钉，通过力矩扳手对角拧紧，扭力值为（204.8±10.2）N·m。

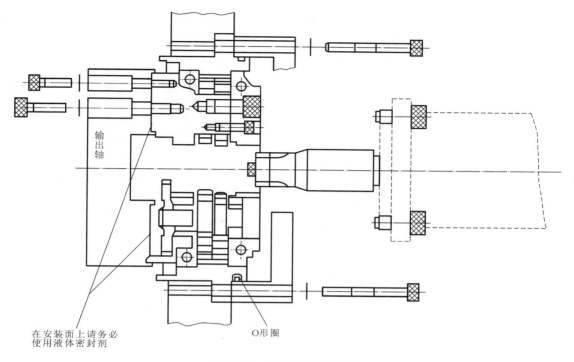

输出轴

在安装面上请务必
使用液体密封剂

O形圈

图 1-1-5　RV 减速器的安装

（4）安装输入齿轮。

RV 减速器输入齿轮如图 1-1-6 所示。

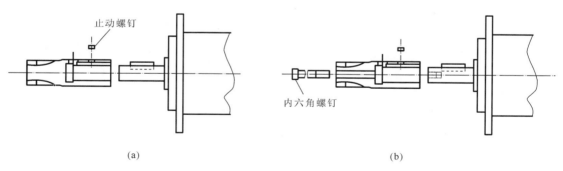

止动螺钉

内六角螺钉

(a)

(b)

图 1-1-6　RV 减速器输入齿轮

（a）没有伺服电动机螺母　（b）带伺服电动机螺母

装配 RV-40E 输入齿轮时要注意正齿轮是两个。装配输入齿轮时，请注意输入齿轮要径直插入。与正齿轮的相位不相吻合时，请沿圆周方向稍稍变换角度再插入，并确认电动机法兰面无倾斜而紧密接触。法兰面倾斜时，有可能造成图 1-1-7（a）所示的状态。

（5）RV 减速器润滑。

RV 减速器在出厂时未填充润滑剂，为了充分发挥其性能，建议使用Nabtesco公司制造的 Molywhite RE No.00 润滑剂。

① 减速器内的润滑剂用量。

减速器内所需的润滑剂封入量，不含与安装侧之间的空间。因此，减速器与安装侧有空

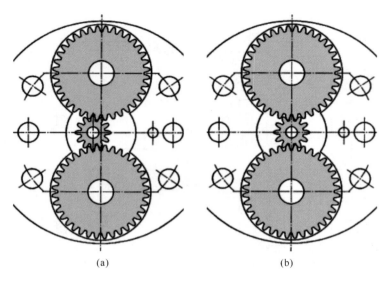

(a)   (b)

图 1-1-7　输入齿轮的装配

（a）错误的装配位置　（b）正确的装配位置

间时请将其用润滑剂填充。但过度填充可能会使内部气压升高，进而损坏油封，因此请确保填充的润滑剂占全部体积 10％左右的空间。

② 对角配置加排脂孔，填充润滑剂时从下方开始填充。

③ 润滑剂流动不畅时，转动输入齿轮让润滑剂均匀流动，并逐步填充（J1 轴的填入量为 400 mL；J2 轴的填入量为 400 mL；J3 轴的填入量为 360 mL）。

④ 减速器的润滑剂标准更换时间为 20000 h。更换润滑剂的步骤和初次填充润滑剂的一样。

⑤ 更换润滑剂时，要填充的量与要排出的量相同，填充过多的话容易导致润滑剂泄漏。

⑥ 严禁异物混入。

⑦ 加入润滑剂的时候，不要把灰尘和杂质灌入减速器内。

（五）安装减速器的注意事项

输入正齿轮轴或电动机主轴与减速器的同轴度误差不大于 ϕ0.03 mm。

（1）在输入轴、输出轴端应正确使用油封（一般为适用的 O 形圈，O 形圈是一种双向作用密封元件。安装时径向或轴向的初始压缩，赋予 O 形圈自身的初始密封能力）。

（2）在输出轴端因结构原因不能使用 O 形圈的，应在结合平面之间使用指定的液体密封胶。

（3）应注意每个螺钉都用规定的转矩拧紧，并建议在用内六角螺钉时用碟形弹簧垫圈。

（4）RV 减速器在出厂时未填充润滑剂，在安装时要填充 RV 减速器专用 Molywhite RE No.00 润滑剂，填充量约为安装腔体体积的 90％。一般每运行 20000 h 更换润滑剂。如果减速器超出额定条件下运行或在 40 ℃以上环境中长期运行，请及时检查润滑剂变质情况，以确定更换时间。

（5）使用输出轴销紧固时，应使用锥形销。

（6）相连接部件为钢、铸铁时，需要按照表 1-1-1 中的固定力数据使用。螺钉拧得不够紧会造成螺钉的松动以及损坏，螺钉拧得过紧会造成螺纹座的损伤。固定螺钉时要对所有螺钉均匀施力。使用铝等较软的金属材质时，为防止螺纹座损伤，推荐加金属垫和螺纹套。

二、线性滑轨

线性滑轨又称滑轨、线性导轨、导轨，用于直线往复运动场合，拥有比直线轴承更高的额定负载，同时可以承担一定的扭矩，可在高负载的情况下实现高精度的直线运动。线性滑轨表面上的纵向槽或脊，用于导引、固定机器部件、专用设备、仪器等。

线性滑轨日趋成为国际通用的支承及传动装置，线性滑轨是 1932 年法国专利局公布的一项专利。经过几十年的发展，越来越多地被数控机床、数控加工中心、精密电子机械和自动化设备所采用。

近年来出现了一种新型的做相对往复直线运动的滚动支承，其直线导轨副一般由导轨、滑块、反向器、滚动体和保持器等组成。能以滑块和导轨间的钢球滚动来代替直接的滑动接触，并且滚动体可以借助反向器在滚道和滑块内实现无限循环，具有结构简单，动、静摩擦因数小，定位精度高，精度保持性好等优点。

用于需要精确控制工作台行走平行度的直线往复运动场合的线性滑轨，又称精密滚动直线导轨副、滑轨、线性导轨、线性滑轨或滚动导轨。这种直线导轨拥有比直线轴承更高的额定负载，依靠导轨两侧两列或四列滚珠循环滚动，来带动工作台按给定的方向做往复直线运动。如图 1-1-8 所示。

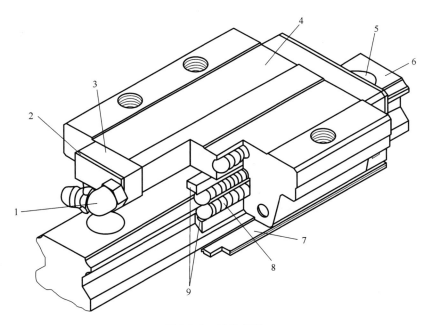

图 1-1-8　线性滑轨

1—油嘴；2—刮油片（双刮油片、金属刮板）；3—端盖；4—滑块；5—螺钉盖；6—导轨；7—防尘片；
8—钢珠；9—钢珠保持器

下面主要介绍 HIWIN HG 线性滑轨。

HIWIN HG 系列线性滑轨为四列式单圆弧牙型接触线性滑轨,比其他同类型的四列式线性滑轨提升 30％以上的负载与刚度,具备四方向等负载特色及自动调心功能,可吸收安装面的装配误差,达到运动的高精度要求。

HG 系列线性滑轨特点如下。

1.自动调心能力

安装时,来自圆弧沟槽的 DF(45°)组合,借钢珠的弹性变形及接触点的转移,即使安装面有些偏差,也能被线性滑轨滑块内部吸收,产生自动调心的效果,从而得到高精度稳定的平滑运动。

2.具有互换性

由于制造精度高,线性导轨尺寸能维持在一定的水准内,且滑块有保持器的设计,以防止钢珠脱落,因此,部分系列具可互换性,客户可依需要订购导轨或滑块,亦可分开储存导轨及滑块,以减少储存空间。

3.所有方向皆具有高刚度

运用四列式圆弧沟槽,配合四列钢珠等 45°的接触角度,让钢珠达到理想的两点接触构造,能承受来自上下和左右方向的负荷,在必要时更可施加预压以提高刚度。

4.润滑构造简单

线性滑轨已在滑块上装置油嘴,可直接以注油枪打入油脂,亦可换上专用油管接头连接供油油管,以自动供油机润滑。

三、滚珠丝杠

滚珠丝杠是工具机和精密机械上最常用的传动元件,其主要功能是将旋转运动转换成线性运动,或将扭矩转换成轴向反复作用力,同时兼具高精度、可逆性和高效率的特点。由于具有很小的摩擦阻力,滚珠丝杠被广泛应用于各种工业设备和精密仪器。滚珠丝杠的实物如图 1-1-9 所示。

图 1-1-9　滚珠丝杠

（一）滚珠丝杠的分类

滚珠丝杠是由丝杠、螺母、循环系统及钢珠构成的。按滚珠循环方式的不同,滚珠丝杠可分为外循环式滚珠丝杠、内循环式滚珠丝杠和端盖式滚珠丝杠三种。

1.外循环式滚珠丝杠

外循环式滚珠丝杠由丝杠、螺母、钢珠、弯管、固定块及刮刷器组成。钢珠介于丝杠与螺母之间,钢珠的循环是经由弯管的连接而得以在螺母上回流,而弯管则装在螺母的外部,故此种形态称为外循环式。弯管为钢珠的回流道,使钢珠的运动路径成为一条封闭的循环管路,固定块固定弯管左右的位置。刮刷器在螺母的两侧最外端,起到密封的作用,防止粉尘及切屑进入钢珠的循环路径。

2.内循环式滚珠丝杠

内循环式滚珠丝杠由丝杠、螺母、钢珠、回流弯管及刮刷器组成。钢珠采用单圈循环,以回流弯管跨越两相连钢珠连接槽,构成一个单一循环回流路径。由于回流弯管组装在螺帽内部,故此种形态称为内循环式。弯管为钢珠的回流道,使钢珠的运动路径成为一条封闭的循环管路。

3.端盖式滚珠丝杠

端盖式滚珠丝杠由丝杠、螺母、钢珠及端盖组成,钢珠介于螺杆与螺母之间,钢珠经由端盖和螺母上所加工的管穿孔做回流,此设计可以使钢珠行经于螺母的前后两端。故此种形态称为端盖循环式。

(二)滚珠丝杠的工作原理

当滚珠丝杠作为主动体时,螺母就会随丝杠的转动角度,按照对应规格的导程转化成直线运动,被动工件可以通过螺母座和螺母连接,从而实现对应的直线运动。

(三)滚珠丝杠的特点

1.摩擦损失小、传动效率高

由于滚珠丝杠副的丝杠轴与丝杠螺母之间有很多滚珠在做滚动运动,所以能得到较高的运动效率。与过去的滑动丝杠副相比,驱动力矩达到同样运动结果所需的动力为使用滑动丝杠副的 1/3。

2.精度高

滚珠丝杠一般是用世界最高水平的机械设备生产出来的,特别是在研削、组装、检查等各工序中,对环境温度、湿度进行了严格的控制,完善的品质管理体制使其精度得到了充分的保证。

3.高速进给和微进给

滚珠丝杠由于是利用滚珠来进行运动的,所以启动力矩极小,不会出现爬行现象,能保证实现精确的微进给。

4.轴向刚度高

滚珠丝杠可以加以预压力,由于预压力可使轴向间隙达到负值,进而得到较高的刚度(滚珠丝杠内通过给滚珠加以压力,在实际用于机械装置等时,滚珠的斥力可使丝杠螺母部分的刚度提高)。

5.效率高

滚珠丝杠的运转是靠螺母内的钢珠做滚动运动来实现的,比传统丝杠有更高的效率,所需的扭矩不到传统丝杠的 1/3,所以可轻易地将回转运动变转为直线运动。

6.无间隙与高刚度

滚珠丝杠采用哥德式沟槽形状,钢珠与沟槽能有最佳接触,运转顺畅。若加入适当的预压力,消除轴向间隙,可使滚珠丝杠有更佳的刚度,减少滚珠和螺母、丝杠间的弹性变形,达到更高的精度。

7.不能自锁,具有传动的可逆性

滚珠丝杠传动效率高、摩擦小,摩擦角小于滚珠丝杠的螺旋角,因而不能自锁。

任务实施

根据机械部分装配图,完成华数 HSR-HL403 圆柱坐标机器人机械部分的安装与调试。按图样要求,备齐相关零部件和工具、量具。底座、立柱和悬臂装配相关零部件清单及工具、量具清单分别如表 1-1-2 至表 1-1-4 所示。

表 1-1-2　底座装配相关零部件清单及工具、量具清单表

零部件清单		
序号	名称	数量
1	RV40E 旋转台	2
2	RV40E 减速器	1
3	伺服电动机	1
4	上防撞块	1
5	RV40E 连接法兰	1
6	底部支承筒	1
7	底座防护罩 A	1
8	波纹管接头	1
9	航空插座安装板	1
10	重载连接器	1
工具、量具清单(由学生根据需要填写)		
序号	名称	数量
1	内六角扳手	1 套
2	十字旋具、一字旋具	大、小各 1 套
3		
4		
5		
6		
7		
8		
9		
10		

表 1-1-3　立柱装配相关零部件清单及工具、量具清单表

零部件清单		
序号	名称	数量
1	外壳	1
2	立柱	1
3	伺服电动机	1
4	双膜片弹性联轴器	1
5	丝杠	1
6	丝杠上支承座	1
7	深沟球轴承	1
8	拖链	1
9	拖链固定接头 A	1
10	导轨	1
11	支承架	1
12	丝杠螺母安装座	1
13	丝杠螺母整片	1
14	风琴罩	2
15	下支座端盖	1
16	角接触球轴承	2
17	小圆螺母	2
工具、量具清单		
序号	名称	数量
1	杠杆百分表及表座	1 套
2	三爪拉马	1 套
3		
4		
5		
6		

表 1-1-4 　悬臂装配相关零部件清单及工具、量具清单表

零部件清单		
序号	名称	数量
1	伺服电动机	1
2	减速器	1
3	轴承座 A	1
4	传动带	1
5	主动同步带轮	1
6	悬臂	1
7	导轨	2
8	轴承座 B	1
9	深沟球轴承	3
10	从动同步带轮	1
11	轴用挡圈	1
12	轴承端盖	2
13	法兰	1
14	悬臂末端轴承座	1
15	从动同步带轮	1
16	传动带	1
17	悬臂梁	1
18	传动带调整块	1
19	电动机法兰	1
20	主动同步带轮	1
21	伺服电动机	1
工具、量具清单（由学生根据需要填写）		
序号	名称	数量
1	力矩扳手	1 套
2		
3		
4		
5		

一、底座的装配

（一）底座的认知

底座作为机器人的一个基础部分，其稳定程度对搬运的精度有着极其重要的影响，它能舒缓吸收有害的振动，是支承和固定的重要部件。底座的装配图如图 1-1-10 所示。

（二）底座的装配步骤及注意事项

底座的装配步骤及注意事项如表 1-1-5 所示。

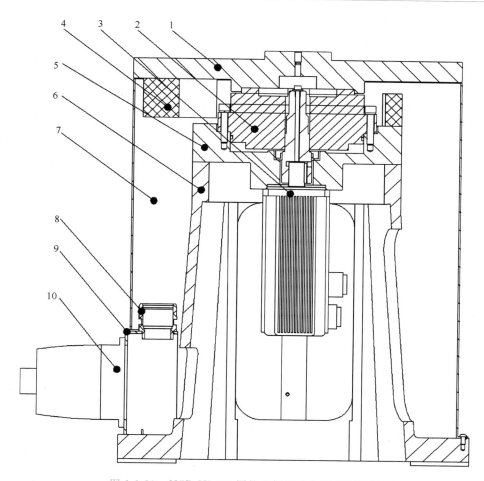

图 1-1-10　HSR-HL403 圆柱坐标机器人底座装配图

1—RV40E 旋转台；2—RV40E 减速器；3—伺服电动机；4—上防撞块；5—RV40E 连接法兰；6—底部支承筒；
7—底座防护罩 A；8—波纹管接头；9—航空插座安装板；10—重载连接器

表 1-1-5　底座的装配步骤

步　骤	装 配 内 容	配合及连接方法	装配要求
1	伺服电动机 3 与 RV40E 减速器输入轴装配	间隙孔轴配合	配合间隙同轴度 $\phi0.01$ mm
2	伺服电动机 3 与 RV40E 连接法兰 5 装配	螺钉连接	垂直度 0.02 mm 牢固性
3	RV40E 连接法兰 5 与底部支承筒 6 装配	螺钉连接	同轴度 $\phi0.01$ mm 牢固性
4	上防撞块 4 安装	螺钉连接	牢固性
5	RV40E 减速器 2 与 RV40E 连接法兰 5 装配	螺钉连接	同轴度 $\phi0.01$ mm 牢固性
6	RV40E 旋转台 1 与 RV40E 减速器 2 装配	螺钉连接	同轴度 $\phi0.01$ mm 牢固性
7	重载连接器 10、波纹管接头 8 与航空插座安装板 9 装配	螺钉连接	可靠性
8	航空插座安装板 9 的安装	螺钉连接	可靠性

（三）检测

底座的检测表如表 1-1-6 所示。

表 1-1-6 底座的检测表

步骤	检测内容	检测要点	检测结果	装配体会
1	伺服电动机 3 与 RV40E 减速器输入轴装配	配合间隙、同轴度		
2	伺服电动机 3 与 RV40E 连接法兰 5 装配	垂直度、牢固性		
3	RV40E 连接法兰 5 与底部支承筒 6 装配	同轴度、牢固性		
4	上防撞块 4 安装	牢固性		
5	RV40E 减速器 2 与 RV40E 连接法兰 5 装配	同轴度、牢固性		
6	RV40E 旋转台 1 与 RV40E 减速器 2 装配	同轴度、牢固性		
7	重载连接器 10、波纹管接头 8 与航空插座安装板 9 装配	可靠性		
8	航空插座安装板 9 的安装	可靠性		

二、立柱的安装

（一）立柱的认知

机器人立柱是机器人手臂的一部分，手臂的回转运动与上下移动都与立柱相关，立柱起着上下移动及支承作用，如图 1-1-11 所示。本部分的难点为线性滑轨和滚珠的安装。

（二）立柱的装配步骤及注意事项

立柱的装配步骤及注意事项如表 1-1-7 所示。

表 1-1-7 立柱的装配步骤及注意事项

步骤	装配内容	配合及连接方法	装配要求
1	导轨 10 与立柱 2 安装	螺钉连接	可靠性
2	滚珠丝杠 5 与下支承座 18 装配	螺钉连接	丝杠与下支承座转动灵活
3	滚珠丝杠 5 与上支承座 6 装配	螺钉连接	丝杠与上支承座转动灵活
4	上支承座 6、下支承座 18 与立柱 2 安装	螺钉连接	可靠性，导轨的平行度 0.02 mm
5	支承架 11 与导轨 10 连接	螺钉连接	可靠性
6	支承架 11 与丝杠螺母安装座 12 连接	螺钉连接	可靠性
7	伺服电动机 3 安装	联轴器连接	轴偏心、角度、轴向位置允许适当误差，确保在所选定联轴器补偿能力范围内

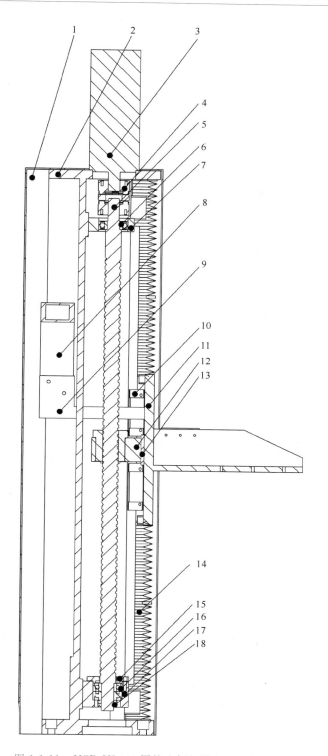

图 1-1-11　HSR-HL403 圆柱坐标机器人立柱装配图

1—外壳；2—立柱；3—伺服电动机；4—双膜片弹性联轴器；5—滚珠丝杠；6—上支承座；7—深沟球轴承；
8—拖链；9—拖链固定接头；10—导轨；11—支承架；12—丝杠螺母安装座；13—丝杠螺母调整片；14—风琴罩；
15—下支座端盖；16—角接触球轴承；17—小圆螺母；18—下支承座

（三）立柱的检测

立柱的检测表如表 1-1-8 所示。

表 1-1-8　立柱的检测表

步　骤	检 测 内 容	检 测 要 点	检测结果	装配体会
1	导轨 10 与立柱 2 安装	可靠性		
2	滚珠丝杠 5 与下支承座 18 装配	丝杠与下支撑座转动灵活		
3	滚珠丝杠 5 与上支承座 6 装配	丝杠与上支撑座转动灵活		
4	上下支承座 6、18 与立柱 2 安装	可靠性与导轨的平行度		
5	支承架 11 与导轨 10 连接	可靠性		
6	支承架 11 与丝杠螺母安装座 12 连接	可靠性		
7	伺服电动机 3 安装	同轴度、回转精度符合要求		

三、悬臂的安装

（一）悬臂的认知

悬臂是支承被抓物件的重要部件，华数 HSR-HL403 的悬臂执行直线运动，如图 1-1-12 所示。本部分的重点为导轨安装和皮带张紧力的调整。

（二）装配步骤及注意事项

悬臂的装配步骤及注意事项如表 1-1-9 所示。

表 1-1-9　悬臂的装配步骤及注意事项

步　骤	装 配 内 容	配合及连接方法	装配要求
1	导轨 7 安装在悬臂 6 上	螺钉连接	可靠性，平行度 0.02 mm
2	装配 8、9、10、11、12、13 并安装在悬臂 6 上	螺钉及过盈配合	从动带轮转动灵活
3	装配 3、4、5 并安装的悬臂 6 上	螺钉连接	主动带轮转动灵活
4	RV40E 减速器 2 与主动同步带轮 5 装配	螺钉连接	同轴度 $\phi 0.01$ mm
5	伺服电动机 1 与 RV40E 减速器 2 装配	间隙孔轴配合	同轴度 $\phi 0.01$ mm
6	悬臂梁 19 与导轨 7 装配	螺钉连接	滑动灵活

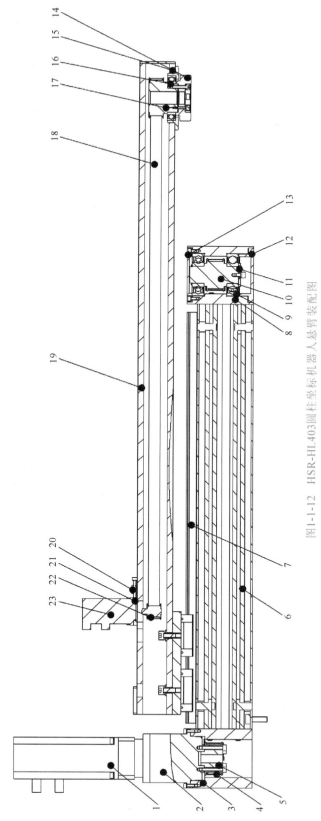

图1-1-12　HSR-HL403圆柱坐标机器人悬臂装配图

1、23—伺服电动机；2—RV40E减速器；3—轴承座A；4、18—同步带；5、22—主动同步带轮；6—悬臂；7—导轨；8—轴承座B；
9、16—深沟球轴承；10、17—从动同步带轮A；11—轴用挡圈；12—轴承端盖A；13—轴承端盖B；14—法兰；
15—悬臂末端轴承座；19—悬臂梁；20—皮带调整块；21—电动机法兰

（三）检测

悬臂的检测表如表 1-1-10 所示。

表 1-1-10　悬臂的检测表

步　骤	检 测 内 容	检测要点	检测结果	装配体会
1	导轨 7 安装在悬臂 6 上	可靠性、平行度		
2	装配 8、9、10、11、12、13 并安装的悬臂 6 上	从动带轮转动灵活		
3	装配 3、4、5 并安装的悬臂 6 上	主动带轮转动灵活		
4	RV40E 减速器 2 与主动同步带轮 5 装配	同轴度		
5	伺服电动机 1 与 RV40E 减速器 2 装配	同轴度		
6	悬臂梁 19 与导轨 7 装配	滑动灵活		

四、完成机械部分总装

（一）装配步骤及注意事项

总装的装配步骤及注意事项如表 1-1-11 所示。

表 1-1-11　总装的装配步骤及注意事项

步　骤	装配内容	配合及连接方法	装配要求
1	底座与立柱装配	螺钉连接	可靠性
2	立柱与悬臂梁装配	螺钉连接	可靠性
3	根据需求安装末端执行器	按需求安装	根据不同执行器确定

（二）检测

检测机器人本体各传动部分运行是否正常。

展示评估

任务一评估表

基本素养（20 分）			
序号	评估内容	自评	互评	师评
1	纪律（无迟到、早退、旷课）（10 分）			
2	参与度、团队协作能力、沟通交流能力（5 分）			
3	安全规范操作（5 分）			
理论知识（20 分）			
序号	评估内容	自评	互评	师评
1	减速器相关知识掌握（10 分）			
2	线性滑轨相关知识掌握（5 分）			
3	滚珠丝杠相关知识掌握（5 分）			

续表

技能操作(60分)			
序号	评估内容	自评	互评	师评
1	零部件、工量具准备(5分)			
2	底盘装配(15分)			
3	立柱装配(15分)			
4	悬臂装配(15分)			
5	执行机构安装(5分)			
6	机械部分总装(5分)			
综合评价			

思考与练习

1. 机器人系统由哪三部分组成？
2. 简述 RV 减速器的特点。
3. 简述安装圆柱坐标机器人线轨和丝杠的注意事项。

任务二　圆柱坐标机器人的电气系统的装配与调试

知识目标

- 了解真空吸盘工作原理。
- 了解真空发生器工作原理。
- 掌握电气控制柜接线工艺。

技能目标

- 能完成伺服电动机参数设置。
- 能完成 PLC 程序的安装。
- 会使用工业机器人示教器。

任务描述

根据图样要求,完成华数 HSR-HL403 圆柱坐标机器人电气系统的安装与调试。

知识准备

一、接线工艺

本工艺是根据 GB 7251.12—2013、GB/T 2681—2008、JB/DQ 6142—1986、GB/T 2682—1981、GB 50171—2012、GB 50256—2014,并结合设备实际情况制定的,适用于电气控制设备安装及接线,目的是使设备既满足设计控制要求又整齐美观和方便检查。

(一)电气控制柜外形尺寸、面板开孔、柜体/面板标识丝印检查

在电气控制柜开始装配前,按照屏柜结构与开孔图进行外形尺寸、面板开孔、柜体/面板标识丝印及电气元件物料清单的检查,确认无误后方可进行装配工作。

（二）准备电气元件及安装辅材

（1）电气装配人员要先准备齐电气控制柜上需使用的电气安装底板、电气面板、电气元件（PLC、低压电器等）及所需要的安装辅材（线槽、导线、接地铜排、安装螺钉等）。

（2）电气装配人员准备好自己的工具包（含大号十字旋具、中号十字旋具，小一字旋具、剥线钳、斜口钳、万用表、内六角扳手、呆扳手、$\phi2.5$ 钻头、$\phi3.2$ 钻头、$\phi4.2$ 钻头、M3 丝锥、M4 丝锥、丝锥铰杠、粗齿锉一套）、手电钻等，将所有工具整齐地放在指定区域内。

（三）元器件安装

（1）根据电气原理图中的底板布置图量好线槽与导轨的长度，用相应工具截断（注：线槽、导轨断缝应平直）。

（2）两根线槽如果搭在一起，其中一根线槽的一端应切成 $45°$ 斜角。

（3）用手电钻在线槽、导轨的两端打固定孔（用 $\phi4.2$ 钻头）。

（4）将线槽、导轨按照电气底板布置图放置在电气底板上，用黑色记号笔将定位孔的位置画在电气底板上。

（5）先在电气底板上用样冲敲样冲眼，然后用手电钻在样冲眼上打孔（用 $\phi4.2$ 钻头）。

（6）用 M4 螺钉、螺母将线槽、导轨固定在电气底板上。

（7）低压电气元器件（微型空开、继电器、接触器、信号线端子、动力电源端子等）应按照电气原理图中的底板布置图安装在导轨上。

（8）PLC、开关电源等不需要导轨安装的电气元器件都要进行打孔、攻丝（用 $\phi2.5$ 钻头打孔，然后用 M3 的丝锥攻丝），再直接安装于电气安装底板上。

（9）软启动器、变频器等用 $\phi3.2$ 钻头打孔，然后用 M4 的丝锥攻丝，再直接安装在电气安装底板上。

（10）电气元件的安装方式符合该元件的产品说明书的安装规定，以保证电气元件的正常工作。在屏内的布局应遵从整体的美观，并考虑控制元件之间的电磁干扰和发热性干扰。元件的布置应讲究横平竖直原则，整齐排列。

（11）所有元件的安装方式应便于操作、检修、更换；工控机等重要操作的元件及液晶显示器、指示灯等有角度视觉要求的元件安装应尽量保持在离地 1.60 m 高度视线范围内，以便于观察操作。

（12）所有元件的安装应紧固，保证不致因运输振动使元件受损，对某些有防振要求的元件应采取相应的防振方式处理。

（13）元件安装位置附近均需贴有与接线图对应的表示该元件种类代号的标签，标签采用打印。

（14）屏底侧安装接地铜排，并粘贴明显的接地标识牌。

（四）配线

（1）采用以下两种方法进行配线。

方法一：放线→布线→扎线束→接线

方法二：固定行线槽→放线→布线→接线

（2）三相电路主回路按照电气原理图中设计要求大小的铜芯电缆（或铜排）进行连接。A、B、C 三相应分别使用黄、绿、红电缆（若使用铜排应在对应铜排上套黄、绿、红套管），并在每相接线端子处粘贴 A、B、C 标贴。

（3）电气控制柜中控制电动机回路接线及 AC220V 控制电源主线用 0.75 mm² 的多股铜芯线连接，电流回路采用 2.5 mm² 绝缘铜芯线，保护接地线使用 2.5 mm² 全长标出的黄绿相间的双色绝缘铜芯线（黄绿双色绝缘线只能用做保护接地线），其他信号线（如输入至 PLC 的信号、面板指示灯、继电器信、上送信号）使用 0.5 mm² 多股铜芯线连接。

（4）信号传感器、仪表通信、计算机通信、模拟量板卡输入等信号线应使用屏蔽双绞线连接。

（5）一般剥线长度为 5～7 mm，不应剥太长，更不可以用斜口钳剥线，这样容易损伤电线。

（6）继电器、空气开关等普通元器件要使用 U 形接线柄或 IT 裸端头，接线端子、PLC、软启动器、变频器接线端子使用 ϕ2.5 mm 的针形接线柄。

（7）两个器件接线端子之间的导线不能有接头。

（8）所有控制信号导线必需使用规定的颜色：DC24V＋（棕色）、DC24－（蓝色）、AC220VL（红色）、AC220VN（淡蓝色），其他信号线为黑色，接地线为红绿双色。

（9）标号头的加工及安装要求。

① 设备中辅助电路的连接线，均应在两端套装标号头。

② 标号头应根据接线图所注明的数字，将其输入 M-1 电脑印字机，打印在专用套管上，套管直径应与套装的导线粗细配合。

③ 标号头的长度一般根据线号长短由电脑自行输出，标号头的套装要求数字排列方向统一。如是水平套装，数字从左到右，如是垂直套装，数字从下到上。标号头要求字迹清晰、正确，一般不得用手写的标号头。

例：

（10）当导线两端分别连接可动与固定部分时，如跨门的连接线，必须采用多股铜导线，并且要留有足够长度的余量，以免因弯曲产生过度张力使导线受到机械损伤，并在靠近端子处要用线夹卡紧固定线束。如图 1-2-1 所示。

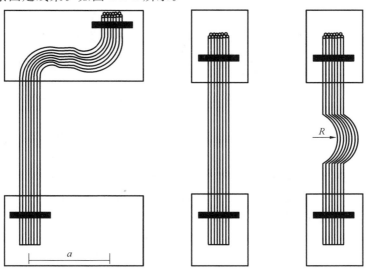

图 1-2-1　两端分别连接可动与固定部分的导线连接

$a \geqslant 100$ mm；$R \geqslant 100$ mm

(11) 一般一个接线端子(含端子排和元器件接线端),只连接一根导线,必要时允许连接两根导线。当需要连接两根以上导线时,应采取相应措施,以保证导线的可靠连接。两个端子间的连线不得有中间接头,导线芯线应无损伤。

(12) 绝缘导线不得直接在导电部位上敷设,布线应固定在骨架或支架上,也可装入线槽内。导线束与带电体在 380 V 额定电压下时,间隙不得小于 6 mm。

(13) 强、弱电回路不应使用同一根电缆,并应分别成束分开排列。

(14) 双屏蔽层的电缆,为避免形成感应电位差,常采用两层屏蔽层在同一端相连并接地。

(15) 接线美观,对所接的开关要分明极性,也就是说开关要对号入座。正极、负极信号线不要混淆,标号头要正确清晰,套的方向要正确。接线要牢固,避免虚接。对备用线要包扎好;如果现场有什么改动,一定要向设计者汇报,将图样修改过来。

(五) 自验

(1) 装配人员在装配完毕后应自检。自检要求:认真对照电气原理图的接线图,同时按照上述相关要求对设备进行自检,若有不符之处,进行纠正。无误后将柜内清洁打扫干净。

(2) 测试设备的绝缘性是否合格,并填写相关记录表格。

(3) 所有项目检查合格后交项目组进行调试。

二、真空吸盘

真空吸盘简称吸盘,又称真空吊具、橡胶吸嘴、橡胶吸头、皮碗等,如图 1-2-2 所示。真空吸盘带有密封唇边,在与被吸物体接触后形成一个临时性的密封空间,通过抽走密封空间里面的空气,产生内外压力差而进行物品的抓取。利用真空吸盘抓取物品是最廉价的一种方法。

图 1-2-2　真空吸盘

(一) 真空吸盘的分类

真空吸盘的材料一般为各种橡胶、塑料和金属。我们经常见到的真空吸盘由 NR、NBR、SI、FKM、PUR、NE、EPDM、SE 等多种橡胶制造。

真空吸盘按形状分类,可分为扁平吸盘,椭圆吸盘,波纹吸盘和异形吸盘,如图 1-2-3 所示。其中波纹吸盘又进一步细分为二层波纹吸盘、三层波纹吸盘和多层波纹吸盘。

真空吸盘按抽走密闭空间空气的方式分类,可分为气动吸盘和手动吸盘。

(二) 真空吸盘的特点

(1) 易损耗。由于它一般用橡胶制造,直接接触物体,磨损严重,所以损耗很快。它是气动易损件。

(2) 使用范围广。不管被吸物体由什么材料制成,只要能密封,不漏气,均能使用。电磁吸盘就不行,它只能用在钢材上,其他材料的物体就不能吸取。

(3) 无污染。真空吸盘特别环保,不会污染环境,没有光、热、电磁等产生。

(4) 不伤工件。真空吸盘由于是橡胶材料所造,吸取或者放下工件不会对工件造成任何损伤。而挂钩式吊具和钢缆式吊具就不行。

(三) 选择真空吸盘时考虑的事项

选择真空吸盘时应考虑以下因素。

(1) 被移送物体的质量。

(2) 被移送物体的形状和表面状态。

图 1-2-3　吸盘的分类

（a）扁平吸盘　（b）椭圆吸盘　（c）波纹吸盘　（d）异形吸盘

（3）工作环境（温度）。

（4）连接方式。

（5）被移送物体的高度。

（6）放置物品的缓冲距离。

三、真空发生器

真空发生器就是利用正压气源产生负压的一种新型、高效、清洁、经济的小型真空元器件，如图 1-2-4 所示。真空发生器使得在有压缩空气的地方，或在一个气动系统中同时需要正负压的地方获得负压变得十分容易和方便。真空发生器广泛应用在工业自动化中的机械、电子、包装、印刷、塑料及机器人等领域。真空发生器的传统用途是与真空吸盘配合，进行各种物品的吸附、搬运，尤其适合于吸附易碎、柔软且薄的非铁、非金属材料或球形物体。在这类应用中，一个共同特点是所需的抽气量小，真空度要求不高且为间歇工作。

图 1-2-4　真空发生器

真空发生器的工作原理是利用喷管高速喷射压缩空气,在喷管出口形成射流,产生卷吸流动,在卷吸作用下,使得喷管出口周围的空气不断地被抽吸走,吸附腔内的压力降至大气压以下,形成一定真空度,如图 1-2-5 所示。

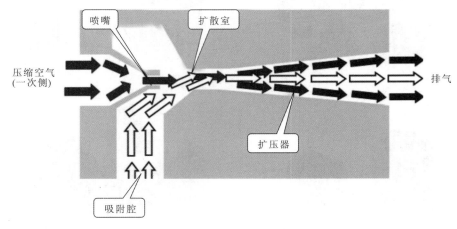

图 1-2-5　真空发生器工作原理示意图

任务实施

根据电气系统接线图,完成华数 HSR-HL403 圆柱坐标机器人机械部分的安装与调试。

一、按图样要求,备齐相关工具和相关材料清单

(一)装配使用的相关工具

在装配过程中,使用的相关工具包括:大号十字旋具、中号十字旋具、小号一字旋具、剥线钳、斜口钳、万用表、内六角扳手、呆扳手、$\phi2.5$ 钻头、$\phi3.2$ 钻头、$\phi4.2$ 钻头、M3 丝锥、M4 丝锥、丝锥铰杠、粗齿锉一套、手电钻等。

(二)装配材料清单

装配材料清单如表 1-2-1 所示。

表 1-2-1　装配材料清单

序号	品　名	规　格　型　号	单位	数量
1	伺服驱动器	HSV-160U-020	个	6
2	伺服驱动器	HSV-160U-010	个	2
3	IPC 控制器及配件		套	2
4	手操器及其配件		套	2
5	总线式 I/O 单元 6 槽底板	HIO-1006	个	2
6	总线式 I/O 单元 NCUC 通信模块	HIO-1061	个	2
7	总线式 I/O 单元 NPN 输出模块(16 位)	HIO-1021N	个	4
8	总线式 I/O 单元 NPN 输入模块(16 位)	HIO-1011N	个	4
9	干式隔离变压器	输入 380 V,输出 220 V,功率 4 kV·A	个	2
10	开关电源	NES-100-24	个	2

序号	品　　名	规格型号	单位	数量
11	数控装置电源电缆　0.6 m	HCB-0008-1000-000.6	根	2
12	总线电缆　0.4 m	HCB-0000-2102-000.4	根	10
13	总线电缆　1 m	HCB-0000-2102-001	根	4
14	J1轴电动机编码线 8 m(GK6031-8AF31-J29B)	HCB-9160-0021-8DB	根	2
15	J2轴电动机编码线 8 m(GK60426AF31-J29B)	HCB-9160-0021-8DB	根	2
16	J3轴电动机编码线 10 m(GK60258AF31-J29B)	HCB-9160-0021-10DB	根	2
17	J4轴电动机编码线 12 m(TS4607N2190E200)	电动机编码器线 12 m (TS4607N2190E200)	根	2
18	J1/J2/J3轴电动机抱闸线 10 m	HCB-9160-4000-10CD	根	6
19	J1/J2/J3/J4轴高柔性电动机动力线(拖链专用线)	4G1.5屏蔽,20 m	m	40
20	信号线(和J4轴一起埋线)	CF240 PUR 03.04(14芯0.34屏蔽)	m	26
21	电气控制柜	600 mm×400 mm×1000 mm	个	1
22	电气控制柜风扇	轴流风扇/KA12038HAZ(S+FU9803A)	套	2
23	风机网罩	风机罩体/S+FU9803A	套	4
24	柜内灯	灯泡/柜内灯/T4-16W	套	2
25	柜门内开关	微动开关/AZ7311/柜门内开关	套	2
26	电源指示灯	XB2BVB1LC(带底座)24 V白色	套	2
27	红色警示灯	XB2BVB4LC(带底座)24 V红色	套	2
28	急停按钮	ZB2BS54C 红色(带底座)	套	2
29	面板电源开关	旋转开关/LW39-16A/APT西门子/YS-9AC-04,A70	套	2
30	3P32A 空气开关	C65N-C32/3P	套	4
31	三相维修插座	AC3P-16A/三相维修插座	套	2
32	继电器	RXM2LB2BD 带指示灯 24VDC(带底座)	套	32
33	交流接触器(DC24V)	交流接触器/LC1DT40BDC	套	2
34	信号线接线端子	UKJ-2.5	个	220
35	电源接线端子	UKJ-6	个	6
36	地线接线端子	UKJ-6GD	个	2
37	接线端子附件	端板 UKJ-G(DUK)	个	20
38	接线端子附件	终端固定件 UKJ-2G2	个	20
39	接线端子附件	端子标记夹 UKJ-BJ	个	10
40	接线端子附件	快速标记条 UZB 5-10 横	条	8
41	接线端子附件	快速标记条 UZB 5-10 横	条	6

序号	品　名	规格型号	单位	数量
42	接线端子附件	快速标记条 UZB 5-10 横	条	6
43	接线端子附件	快速标记条 UZB 5-10 横	条	4
44	接线端子附件	快速标记条 UZB 5-10 横	条	4
45	接线端子附件	快速标记条 UZB 8-10 横	条	4
46	接线端子附件	固定式桥接件 10 位 UFBI 10-5	条	10
47	线槽	UXC1 50 mm×30 mm	m	12
48	标准导轨	35 mm	m	6
49	耐磨编制管	723025-8(黑色)	m	4
50	波纹管接头	电缆连接头/MB-10BF/波纹管接头	个	4
51	F08 防水尼龙软管	PB-10/波纹管	m	20
52	线缆固定头	PF-21K	个	4
53	线缆固定头	PF-33	个	4
54	扎线带	扎带/GT-150M	包	2
55	扎线带	扎带/GT-250M	包	2
56	扎线带	扎带/GT-350M	包	2
57	G11 自由绝缘保护套	YG-20	m	1
58	黏块	WB-101	包	4
59	缠绕管	卷式结束带/YS-12	m	4
60	欧式冷压端子	C0.5-10-橘	包	2
61	欧式冷压端子	C0.75-10-蓝	包	6
62	欧式冷压端子	C1.0-10-红	包	4
63	欧式冷压端子	C1.5-10-黑	包	4
64	Y 形开口压接端子	V1.25-S3Y	包	2
65	Y 形开口压接端子	V1.25-4Y	包	2
66	Y 形开口压接端子	V2-4Y	包	2
67	对接压接端子	0.5M/F(公/母)	包	2
68	线缆-黑	单芯信号线/RBV-0.75/黑	m	200
69	线缆-黑	单芯信号线/RBV-0.5/黑	m	100
70	信号线	RVV 15×0.75 mm^2	m	26
71	动力电缆	BVR 4 mm^2 黑色	m	50
72	动力电缆	BVR 2.5 mm^2 黑色	m	50
73	动力电缆	BVR 1.5 mm^2 黑色	m	50
74	电气控制柜与本体连接动力电缆	RVV 4×2.5 mm^2	m	50
75	继电器端子用线	BVR 1.0 mm^2 黑色	m	100

续表

序号	品　名	规格型号	单位	数量
76	工业水晶头	工业水晶头	个	4
77	标号头用号码管	$\phi1.0(0.5$ 信号线用)	卷	2
78	标号头用号码管	$\phi1.5(0.75$ 信号线用)	卷	2
79	标签纸	线号机用打印标签纸(黄色)	卷	2
80	坦克链(拖链)	内腔　宽 25 mm×高 30 mm	m	2
81	重载连接器(测出线单扣)带接头	HDD-040-F/M H16B-SEH-2B-PG29 H16B-BK-1L-MCV-T	套	2
82	重载连接器(后出线双扣)带接头	HDD-040-F/M H16B-TEH-4B-PG29 H16B-BK-2L-T	套	2

二、电气控制柜线路安装

第一步　根据电气控制柜电气布置图进行元件布置,如图 1-2-6 所示。

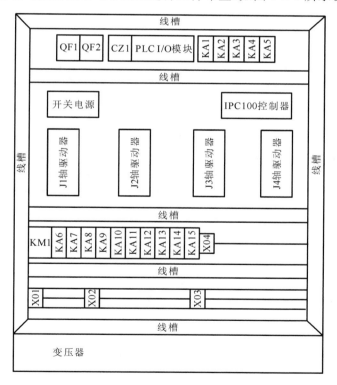

图 1-2-6　电气控制柜电气布置图

第二步　按主回路电气控制接线图进行接线,如图 1-2-7 所示。

第三步　按控制回路接线图进行接线,如图 1-2-8、图 1-2-9 所示。

第四步　按 PLC 输入回路接线图接线,如图 1-2-10、图 1-2-11、图 1-2-12、图 1-2-13 所示。

第五步　按 PLC 输出回路接线图接线,如图 1-2-14、图 1-2-15 所示。

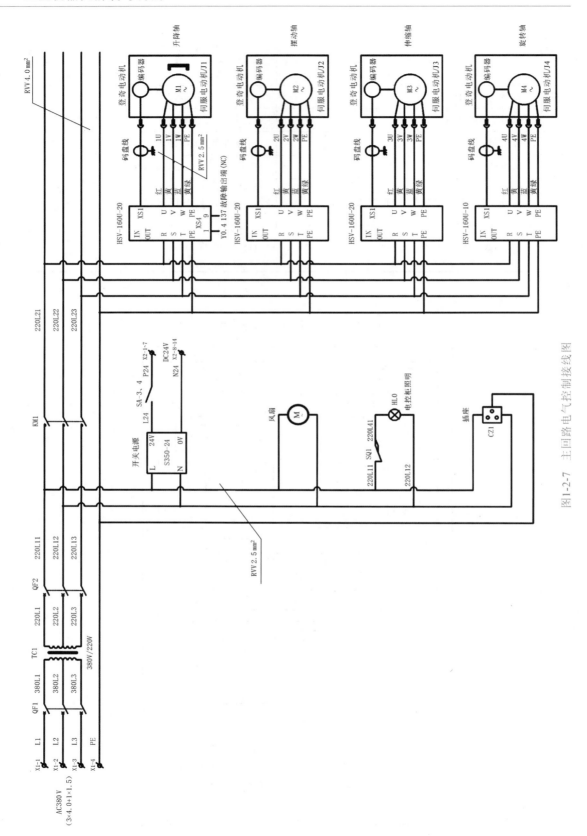

图1-2-7 主回路电气控制接线图

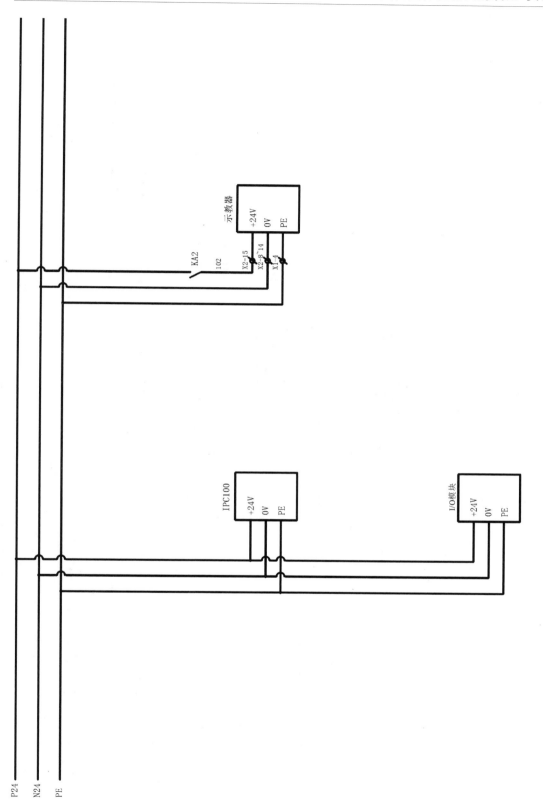

图1-2-8　控制回路接线图1

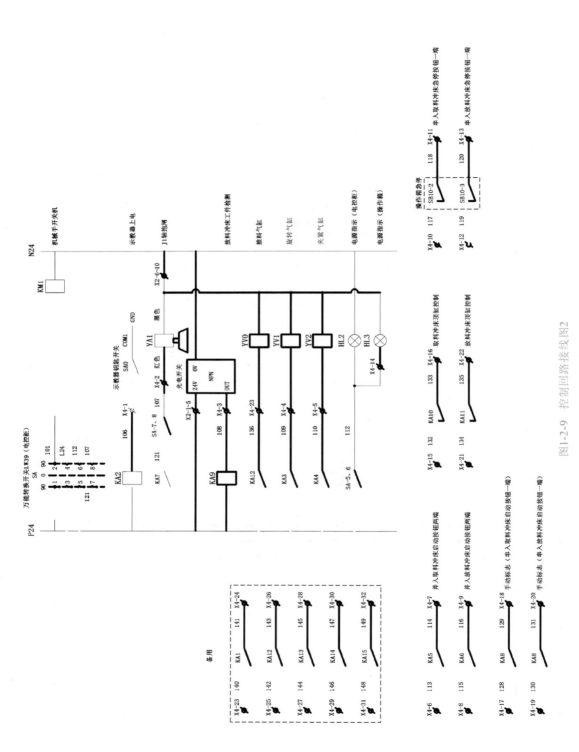

图1-2-9 控制回路接线图2

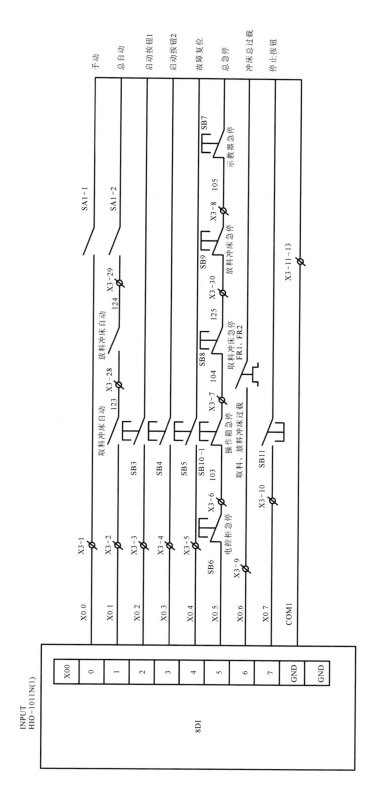

图1-2-10　PLC输入回路接线图1

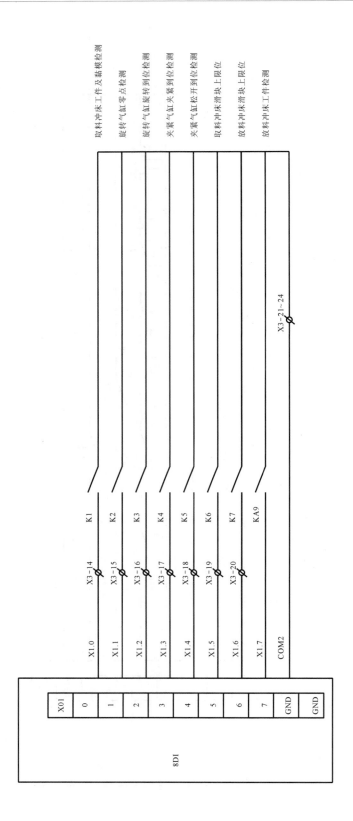

图1-2-11　PLC输入回路接线图2

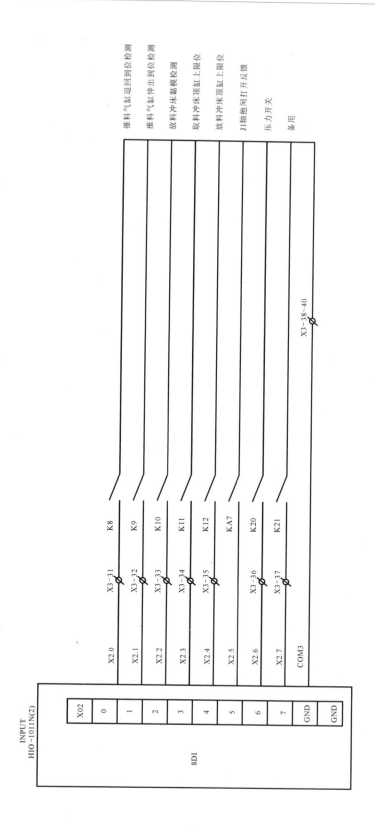

图1-2-12 PLC输入回路接线图3

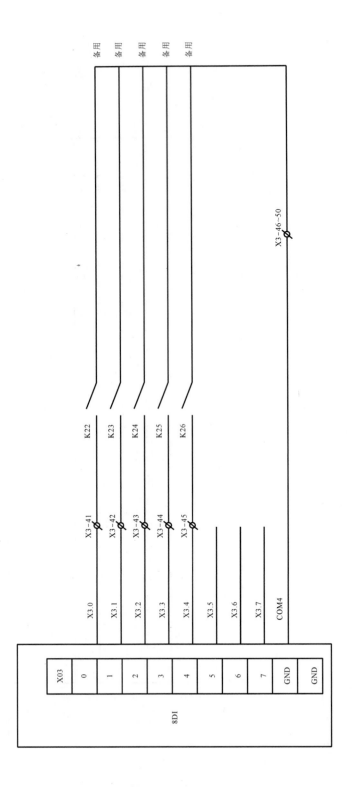

图1-2-13　PLC输入回路接线图4

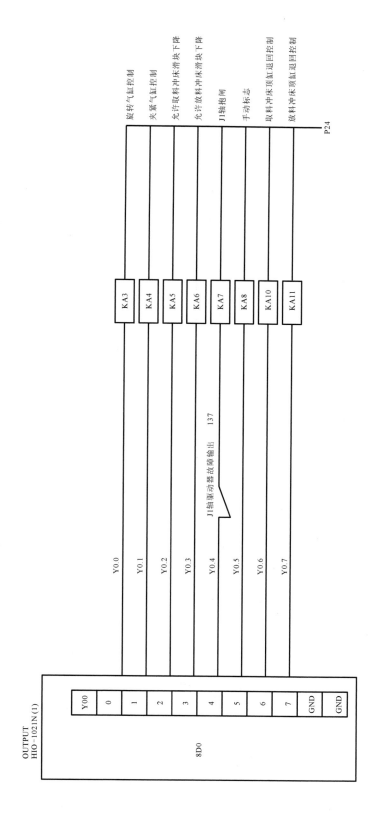

图1-2-14　PLC输出回路接线图1

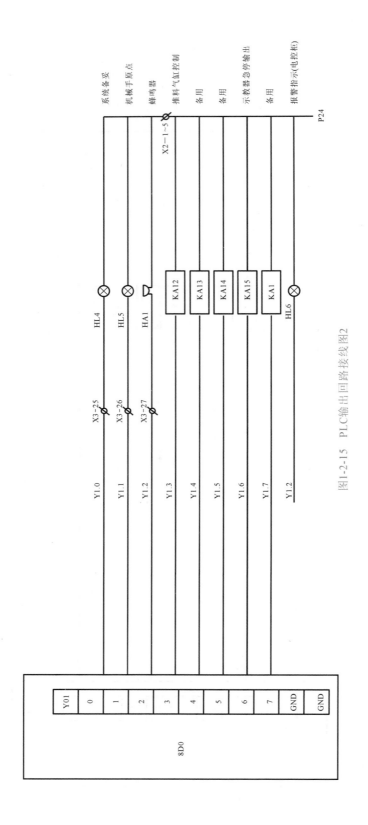

图1-2-15 PLC输出回路接线图2

第六步　按端子接线图接线,如图 1-2-16、图 1-2-17 所示。

第七步　按系统网络图接线,如图 1-2-18 所示。

第八步　按重载连接器接线图接线,如图 1-2-19 所示。

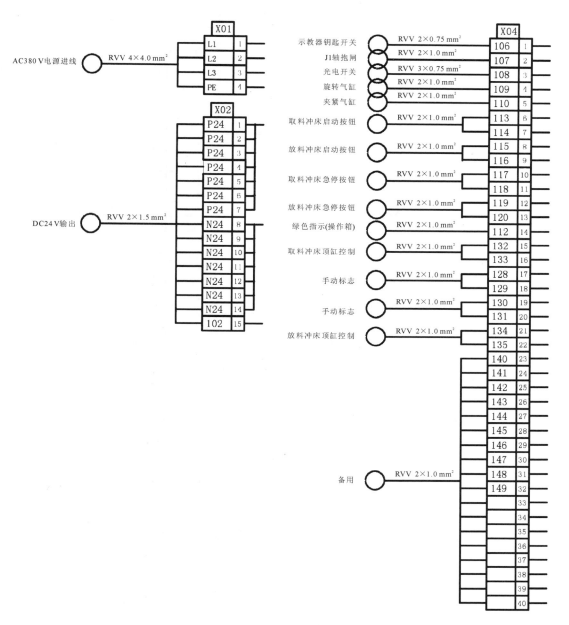

图 1-2-16　端子接线图 1

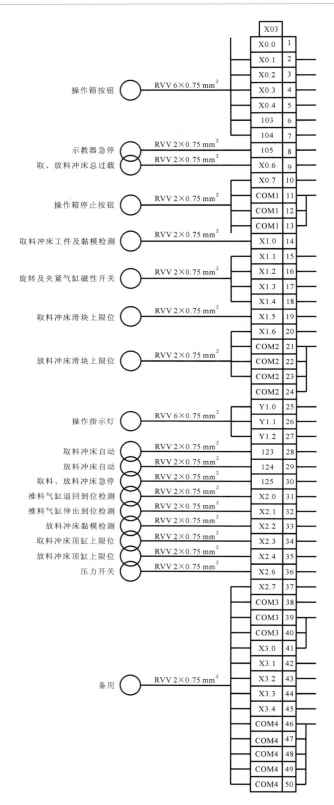

图 1-2-17　端子接线图 2

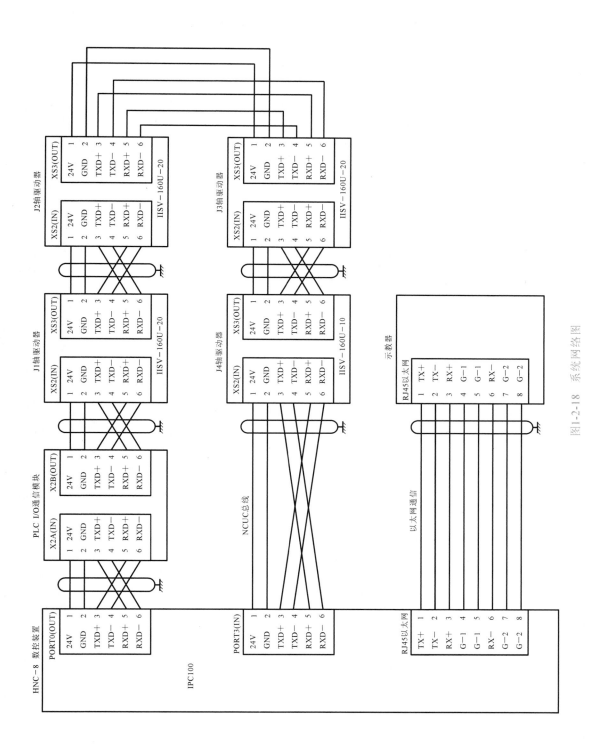

图1-2-18　系统网络图

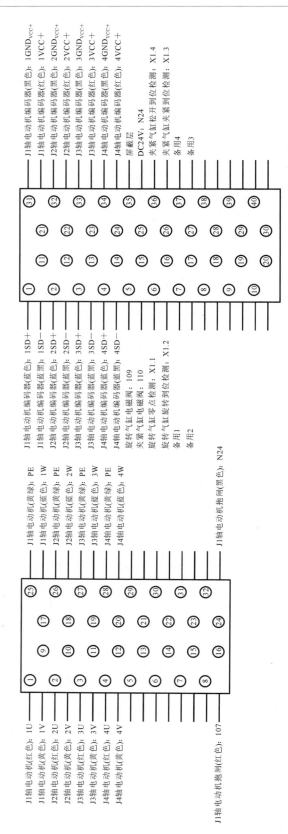

图1-2-19 重载连接器接线图

三、本体气路安装

根据气路接线要求，完成机器人本体气路安装。

展示评估

任务二评估表

基本素养(20分)			
序号	评估内容	自评	互评	师评
1	纪律(无迟到、早退、旷课)(10分)			
2	参与度、团队协作能力、沟通交流能力(5分)			
3	安全规范操作(5分)			

理论知识(20分)			
序号	评估内容	自评	互评	师评
1	元件安装工艺相关知识掌握(10分)			
2	配线相关知识掌握(5分)			
3	真空吸盘及真空发生器相关知识掌握(5分)			

技能操作(60分)			
序号	评估内容	自评	互评	师评
1	元器件合理选择(5分)			
2	元器件合理布局(5分)			
3	主电路安装正确性(10分)			
4	控制回路安装正确性(10分)			
5	PLC输入回路安装正确性(10分)			
6	PLC输出回路安装正确性(10分)			
7	总线安装正确性(10分)			
	综合评价			

思考与练习

1.简述真空吸盘工作原理。

2.设置圆柱坐标机器人伺服电动机的参数有哪些?

3.操作圆柱坐标机器人示教器时,应注意哪些事项?

任务三　圆柱坐标机器人整机安装与调试

知识目标

● 掌握圆柱坐标机器人调试常用参数。

● 了解伺服电动机的工作原理。

技能目标

● 能完成伺服电动机的参数设置。
● 能完成 PLC 程序的安装。
● 会使用工业机器人示教器。

任务描述

根据要求,完成华数 HSR-HL403 圆柱坐标机器人整机的安装与调试,并实现要求的工作任务。

知识准备

一、伺服电动机驱动器参数设置

（一）伺服电动机驱动器的实物外形、面板功能及尺寸图

伺服电动机驱动器的实物外形、面板功能及尺寸图,分别如图 1-3-1、图 1-3-2、图 1-3-3所示。

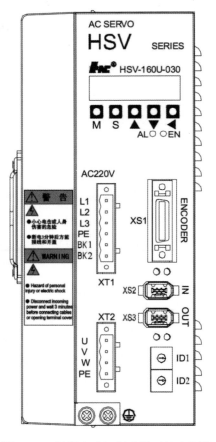

图 1-3-1　伺服电动机驱动器的实物外形图　　　图 1-3-2　伺服电动机驱动器面板功能图

（二）HSV-160U 交流伺服驱动示教器调零步骤

第一步　进入示教器→参数设置→轴参数设置→将"位置偏移量"设为 0,断电重启。

第二步　用示教器操作将各轴调整到机械原点位置,然后进入手动运行,记下各轴显示的实际位置。

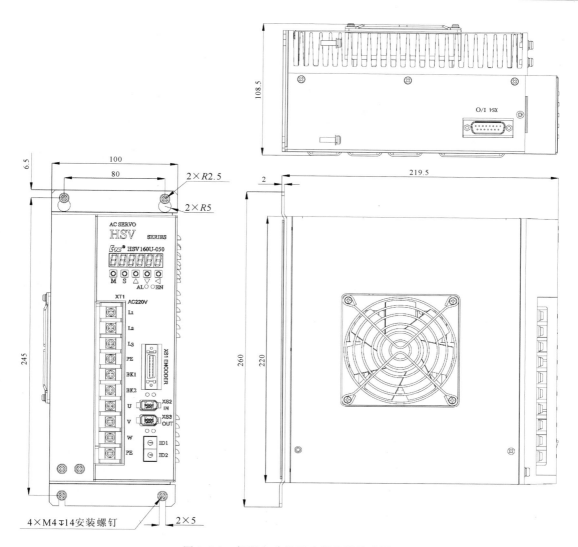

图 1-3-3　伺服电动机驱动器外形尺寸图

第三步　再进入参数设置→轴参数设置→将上一步记录的 J1、J2(实际位置－90)、J3、J4、J5(实际位置＋90)、J6 数字修改到"位置偏移量"中,断电重启。

第四步　再次进入手动运行,查看各轴的零点位置是否是 0、90、0、0、－90、0,若不是,根据显示的实际位置修改"位置偏移量"中的数据。

(三) HSV-160U 交流伺服驱动参数调试步骤(J1/J2/J3)

第一步　按 S 键→按 M 键→PA34＝2003→PA43＝1203→PA34＝1230→按 S 键→按 M 键,找到 EE-WRI→按 S 键,待出现"FINISH"提示信息后断电重启。

第二步　按 S 键→按 M 键→PA34＝2003→PA0＝500→PA2＝6500→PA17＝3000→PA23＝0→PA24＝3→PA25＝7→PA27＝2000→PA35＝80→PB42＝380(J1 和 J3 为 380,J2 为 930)→PB43＝3000(如果手动调试需 STA0＝0,STA6＝1)→PA34＝1230→按 S 键→按 M 键,找到 EE-WRI→按 S 键,待出现"FINISH"提示信息后断电重启。

(四) HSV-160U 交流伺服驱动参数调试步骤(J4/J5/J6)

首先拆掉伺服驱动电源线以及抱闸线。

第一步 按 S 键→按 M 键→PA34＝2003→PB42、PB43→PA43→PA34＝1230→按 S 键→按 M 键,找到 EE-WRI→按 S 键,待出现"FINISH"提示信息后断电重启。

第二步 按 S 键→按 M 键→PA34＝2003→PA0＝500(J6 时为 100),PA2＝240,PA17＝4000,PA23＝0,PA24＝4,PA25＝7,PA26＝0,PA27＝1000,PA28＝40→PA34＝1230→按 S 键→按 M 键,找到 EE-WRI→按 S 键,待出现"FINISH"提示信息后断电重启。

第三步 按 S 键→按 M 键→PA34＝2003→PA23＝7→STA0＝0→STA6＝1→PA34＝1230→按 S 键→按 M 键,找到 EE-WRI→按 S 键,待出现"FINISH"提示信息后断电重启,插上伺服驱动电源线。

第四步 按 S 键→按 M 键,找到 EE-WRI 后按↑键找到 CAL-ID→按 S 键→按 M 键查看此时 PA34＝1111,用手去感受电动机的轴,当电动机有力的时候,进入 LP-SEL→按 S 键,出现 FINISH,调零结束→PA34＝2003→PA23＝0→PA34＝1230→按 S 键→按 M 键,找到 EE-WRI→按 S 键,待出现"FINISH"提示信息后断电重启。

第五步 手动调试,按 S 键→按 M 键,找到 JOG→按 S 键,出现 RUN→按↑、↓键查看动作是否正常。

第六步 按 S 键→按 M 键→PA34＝2003→STA0＝1→STA6＝0→PA34＝1230→按 S 键→按 M 键,找到 EE-WRI→按 S 键,待出现"FINISH"提示信息后断电重启,恢复电源线和抱闸线。

二、示教器

（一）手动运行

示教器的手动运行操作界面如图 1-3-4 所示。

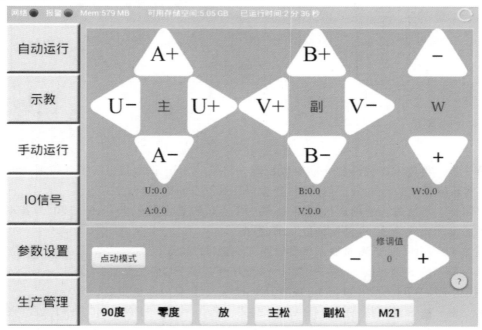

注:图中"IO信号"为"I/O信号",后同。

图 1-3-4 手动运行操作界面

1. 概述

通过点动模式控制机械手运转,此界面分为两部分,上半部分控制轴的运转,下半部分控制吸盘与夹具。

2.轴的移动

（1）单击"点动模式"按钮选择点动模式。

（2）单击"＋"或"－"调整修调值的大小（修调值为零时，机械手各轴将无法运行）。

（3）单击"A＋"、"A－"等按钮会使相应的轴移动，当长按"A＋"、"A－"等按钮时，轴会一直移动（当轴移动时，界面上显示的坐标也会随之改变）。

3.吸盘和夹具的控制

（1）单击"90度"按钮，吸盘执行摆90°。

（2）单击"零度"按钮，吸盘执行摆0°。

（3）单击"放"按钮，则吸盘执行放动作（如果显示"吸"则吸盘执行吸动作）。

（4）单击"主夹"按钮，则执行主臂夹紧动作（如果显示"主松"则执行主臂松开动作）。

（5）单击"副夹"按钮，则执行副臂夹紧动作（如果显示"副松"则执行副臂松开动作）。

4.模型图

单击 ? 图标则会出现机械手模型图。

（二）示教

示教器的示教操作界面如图1-3-5所示。

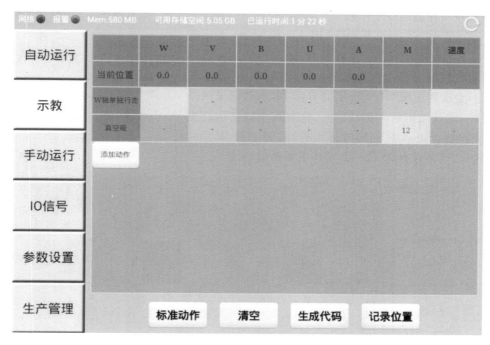

图 1-3-5　示教操作界面

1.概述

通过编写动作，生成g代码，此段分为三部分：添加并编写动作、手动调整位置、记录位置（坐标值的单位为mm，速度的单位为mm/min）。

2.添加并编写动作生成代码

1）手动添加动作流程

第一步　单击"添加动作"按钮，会出现如图1-3-6所示界面。

第二步　选择想要添加的动作，并单击"确定"按钮。

⚠ 动作选择

W轴单独行走	○
U轴单独行走	○
V轴单独行走	○
A轴单独行走	○
B轴单独行走	○
AB轴单独行走	○
UV轴单独行走	○
摆90度	○
摆0度	○
真空吸	○
真空吸	○
主臂夹紧	○

取消	确定

图 1-3-6　动作选择界面

第三步　在编写好动作后,可以单击图 1-3-5 中的▓▓▓▓处,弹出如图 1-3-7 界面,输入相应的值。或者在编写好动作后单击"记录位置"按钮,会出现如图 1-3-8 所示的界面(单击"返回"按钮会返回到示教界面),手动把机械手移动到想要的位置,然后单击"记录位置"按钮,会出现如图 1-3-9 所示的界面,单击想记录的动作即可(一次只能记录一个动作)。只有各个轴的运行坐标(W 轴单独走,UV 轴同时行走等)需要记录,其余如摆 0°、摆 90°这种含有 M 代码的动作不需要记录。

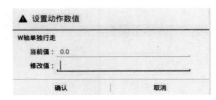

图 1-3-7　动作数值设置界面

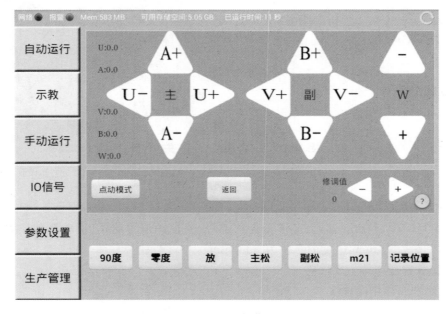

图 1-3-8　示教操作界面

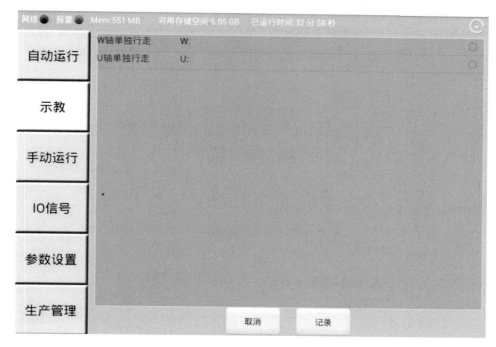

图 1-3-9 位置记录操作界面

第四步 在编写完动作以及填入坐标值和速度后,可单击"生成代码"按钮,弹出如图 1-3-10 所示的界面,输入代码名称生成代码。

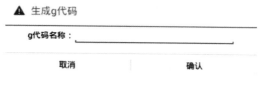

图 1-3-10 生成代码界面

2)选择标准动作

第一步 软件内置 4 个标准动作可供用户选择,单击如图 1-3-5 所示的"标准动作"按钮,会出现如图 1-3-11 所示的界面。

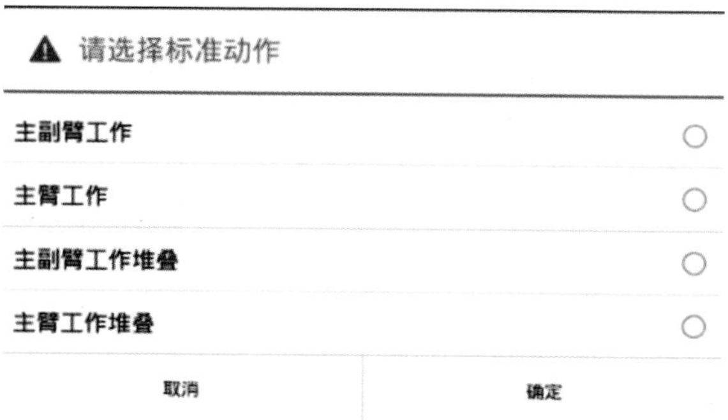

⚠ 请选择标准动作

主副臂工作 ○

主臂工作 ○

主副臂工作堆叠 ○

主臂工作堆叠 ○

取消 确定

图 1-3-11 标准动作选择界面

第二步 编写好动作后可按照手动添加动作的步骤操作,建议用户根据标准动作指定的动作顺序进行编程。

3）动作的修改、删除与插入

在编写动作的过程中，单击动作会出现如图 1-3-12 所示的界面，单击"修改"按钮可修改当前的动作，单击"删除"按钮可删除当前的动作，单击"插入"按钮可在所选动作上方插入一个新的动作。

图 1-3-12　动作编辑界面

4）特殊动作的说明

第一步　当动作选择延时或内部延时，会弹出如图 1-3-13 所示的界面，输入想要延时的时间。

图 1-3-13　设置延时时间界面

第二步　编程时，可在"真空吸"下方添加一个延时动作，以减少机械手吸不到产品的情况发生。

第三步　当选择动作为堆叠时会弹出如图 1-3-14 所示的界面，输入堆叠的参数（装箱顺序只能填写 1、2、3 并且不能重复，在生成 g 代码时，会判断堆叠行走时是否会超出限位）。

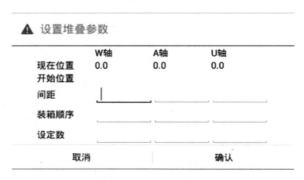

图 1-3-14　设置堆叠参数界面

3.修改坐标值以及速度的说明

在加载 g 代码后，如果系统处于自动运行的停止状态或手动状态，在修改坐标值后需要重新加载一次 g 代码，修改的坐标值才会生效。如果系统处于自动运行的非停止状态，在修改坐标值后会在 g 代码的下一个循环中生效。

（三）自动运行

自动运行的操作界面如图 1-3-15 所示。

1.概述

用户在选择编写好的 g 代码并启动后，机械手会根据 g 代码的内容进行相应的动作。

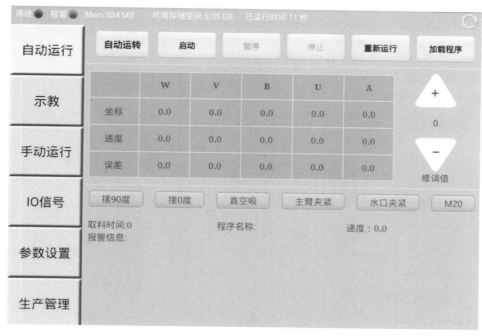

图 1-3-15 自动运行操作显示界面

2. 加载 g 代码

选择自动运行模式后,单击加载代码,会弹出当前所有 g 代码程序(见图 1-3-16),选择想运行的程序后,单击如图 1-3-15 所示的"启动"按钮,机械手则会开始自动运行。单击"暂停"按钮后机械手会暂停运行,再次单击"启动"按钮,机械手会继续运行。单击"停止"按钮后,再单击"重新运行"按钮,然后单击"启动"按钮,机械手会重新运行。单击"＋"、"－"可修改当前的修调值大小。

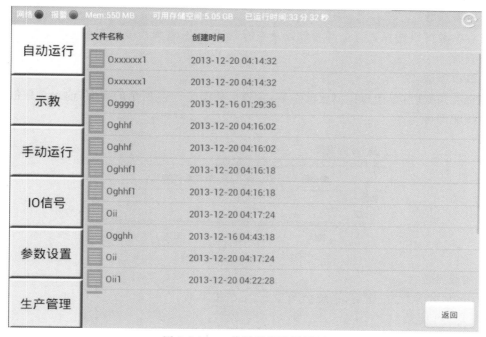

图 1-3-16 g 代码程序选择界面

3.界面信息

界面上显示出当前各个轴的坐标值、速度值以及误差值,还显示出取料时间、合成速度以及报警信息和当前运行的 g 代码名称。

(四) 参数管理

参数管理设置界面如图 1-3-17 所示。

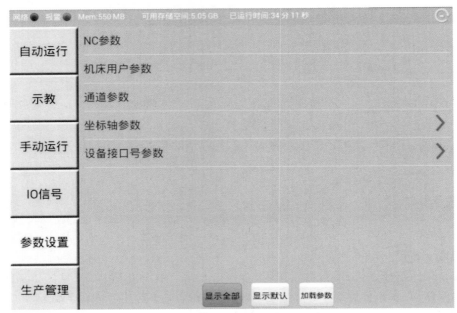

图 1-3-17　参数管理设置界面

1.概述

参数管理设置界面用于显示以及修改内部 PC 上的参数。

2.查看参数

查看参数可以选择查看全部参数以及查看默认参数,选择想要查看的参数,输入密码后可进入查看。

3.修改参数

在查看参数时,单击想要修改的参数,会弹出如图 1-3-18 所示的界面,输入参数值,单击"确认"按钮即可。

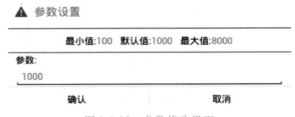

图 1-3-18　参数修改界面

4.加载参数

单击"加载参数"按钮后,系统会同步上、下位机参数。

(五) I/O 信号

I/O 信号显示界面如图 1-3-19 所示。

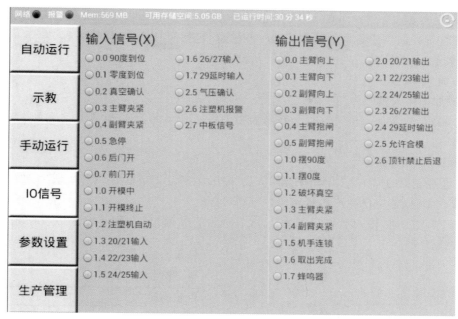

图 1-3-19　I/O 信号显示界面

1. 概述

I/O 信号显示界面显示部分输入与输出的信号。

2. 信号状态的说明

当信号前的图标为灰色时,表示当前位置无信号;当信号前的图标为绿色时,则表示当前位置有信号。

(六) 生产管理

生产管理界面如图 1-3-20 所示。

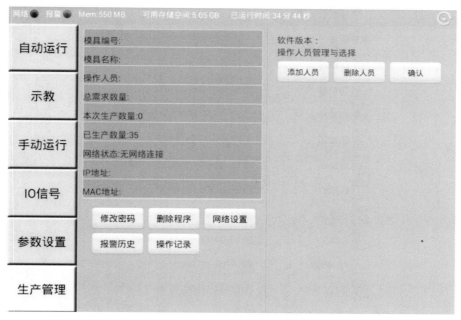

图 1-3-20　生产管理界面

1.概述

生产管理界面主要显示生产相关的一些信息,包括模具编号、模具名称、操作人员、需求量、生产数量、当前连接的网络状态、报警历史和操作记录。

2.添加、删除操作人员

1)添加操作人员

单击右边的"添加人员"按钮,会弹出如图 1-3-21 所示的界面,输入工号和姓名,单击"确认"按钮即可。

2)删除操作人员

选中想要删除的操作人员,单击"删除人员"按钮,在弹出对话框中单击"确认"按钮即可。

3.修改密码(清空已生产数量密码)

单击"修改密码"按钮后弹出如图 1-3-22 所示的界面,输入原始密码以及新密码,单击"确认"按钮即可。

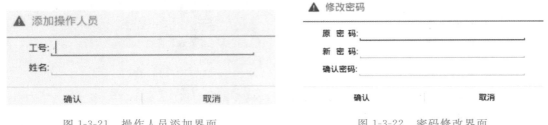

图 1-3-21　操作人员添加界面　　　　　　　　　图 1-3-22　密码修改界面

4.删除程序

单击"删除程序"按钮后,弹出如图 1-3-23 所示的界面,选中想要删除的程序,单击"确认"按钮即可。

⚠ 删除G代码

文件名称	创建时间	
O0001	2013-04-09 09:40:26	☐
O0004	2013-04-09 09:40:26	☐
O0005	2013-04-09 09:40:26	☐
O0006	2013-04-09 09:40:26	☐
O0015	2013-04-09 09:40:26	☐
O0081	2013-04-09 09:40:26	☐
O1234	2013-04-09 09:40:26	☐
O810	2013-04-09 09:40:26	☐
OO0008	2013-04-09 09:40:26	☐
OT21104A	2013-04-09 09:40:26	☐

确认　　　　　　　　　取消

图 1-3-23　程序删除界面

5.网络设置

单击"网络设置"按钮后,弹出如图 1-3-24 所示的界面,设置完网络后,单击 ← 返回到软件界面。

图 1-3-24　网络设置界面

6.报警历史和操作记录

单击相应的按钮可以查看当前的报警历史以及操作记录(包含自动运转、手动、修改参数等)。

(七)状态栏

状态栏显示网络和报警的状态、CPU 可使用内存和 sdcard 内存,以及软件已运行时长等信息,单击 ● 可控制软件是否支持 180°旋转。

当有报警时,软件右下角会出现黄色感叹号小悬浮框,悬浮框可拖动,单击悬浮框时会出现对话框显示当前的报警信息,单击"关闭"按钮则关闭对话框。

三、PLC 程序下载

梯形图编写完成经过核对无误后,按"工具"→"下载 PLC"后,系统即载入当前梯形图,如图 1-3-25 所示。

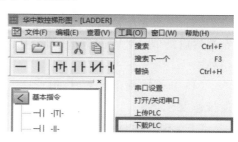

任务实施

完成华数 HSR-HL403 圆柱坐标机器人整机的安装与调试。

图 1-3-25　PLC 程序下载

一、完成本体与电气控制柜的总线连接

完成机器人本体与电气控制柜的总线连接，并对各电动机逐一通电测试，主要检测电气系统是否正常运行和各传动机构运行是否流畅。

二、实现调试任务

在示教器中录入表调试数据，并运行。

表 1-3-1　示教器调试数据

	J1	J2	J3	J4	M	速度
当前位置	100	100	100	100		
动作 X	500	−50	30	0		1000
J1 单独行走	100					500
真空吸					12	
J1 单独行走	500					2000
J2 单独行走		50				2000
J3 单独行走			200			2000
J4 单独行走				−100		2000
J1 单独行走	200					500
真空放					13	
J1 单独行走	500					2000

三、检测

机器人测试标定包含的内容非常多，在有实验测试设备（如激光跟踪仪）的情况下可进行完整的机器人测试工作，基本能够测试机器人的十六种性能指标，如位姿准确度、位姿重复性、距离准确度和距离重复性等。但局限于需求设备和试验成本问题，目前即使是专业的厂家和研究机构都很少能够独立完成所有测试工作。限于大部分院校的机器人测试实验条件很难测试机器人姿态性能指标，本任务只介绍简单实用的机器人测试方法测试机器人的重复定位精度，能够简单地检验拆装后的机器人定位能力以检验拆装的正确性。

（一）机器人整体运动演示安全事项

（1）在拆装前后进行机器人演示时，操作人员应经过简单培训方可进行。具体机器人控制操作可参考华数配套相关教程。

（2）在机器人运行演示过程中，所有人员均站在围栏外进行，以免发生碰撞事故。

（3）机器人设备运行过程中，即使在中途机器人看上去已经停止时，也有可能机器人正在等待启动信号处在即将运动状态。所以此时也视为机器人正在运动，人员也应该站在护栏外。

（4）机器人演示运动时，运行速度尽量调低，确定末端运动轨迹正确时方可进一步增大运行速度。

（二）检测项目

1.定位精度

使用绝对激光跟踪仪，检测机器人定位精度。

2.检测重复定位精度

使用绝对激光跟踪仪,检测机器人重复定位精度,重复定位精度检测应运行调试任务大于 10 次。

3.检测速度

根据用户说明书,检测机器人最大和最小运行速度。

4.检测摇臂长度行程

根据用户说明书,检测机器人摇臂长度行程。

展示评估

任务三评估表

基本素养(20 分)			
评估内容	自评	互评	师评
基本素养			
理论知识(20 分)			
评估内容	自评	互评	师评
理论知识			
技能操作(60 分)			
评估内容	自评	互评	师评
技能操作			
综合评价			

思考与练习

1.圆柱坐标机器人在装调过程中,哪些部分需要调整同轴度?

2.圆柱坐标机器人在装调过程中,哪些部分需要调整平行度?

3.简述轴承安装要点。

项目二　直角坐标机器人的装配与调试

项目描述

完成华数 ARA-1000D 直角坐标机器人的装配与调试。该机器人主要应用于注塑设备的物料转运（上、下料）。

项目目标

- 能对直角坐标机器人的机械部分进行装配与调试。
- 能对直角坐标机器人的电气系统进行装配与调试。
- 能完成直角坐标机器人整机的装配与调试。

任务一　直角坐标机器人的机械部分的装配与调试

知识目标

- 了解同步齿形带传动的工作原理。
- 了解行星减速器的结构和安装。

技能目标

- 能安装直角坐标机器人导轨和同步带。
- 能正确使用安装工具。

任务描述

根据图样要求，完成如图 2-1-1 所示华数 ARA-1000D 直角坐标机器人机械部分的安装与调试。

知识准备

一、同步带

同步带一般以钢丝绳或玻璃纤维为强力层（承载绳），外覆以聚氨酯或氯丁橡胶的环形带（带背），带的内周制成齿状（带齿），使其与带轮啮合（包布带），如图 2-1-2 所示。

（一）同步带传动工作原理

同步带传动是由一根内周表面设有等间距齿形的环形带及具有齿槽的带轮组成。运行时，带齿与带轮的齿槽相啮合传递运动和动力，它是综合了带传动、链传动和齿轮传动各自优点的新型带传动。传输用同步带传动具有准确的传动比，无滑差，可获得恒定的速比，传动平稳，能吸振，噪声小，传动比范围大，一般可达 1∶10；允许线速度可达 50 m/s，传递功率

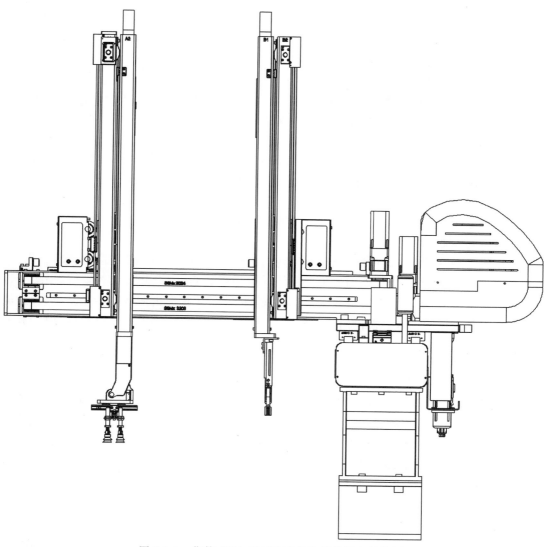

图 2-1-1　华数 ARA-1000D 直角坐标机器人总装图

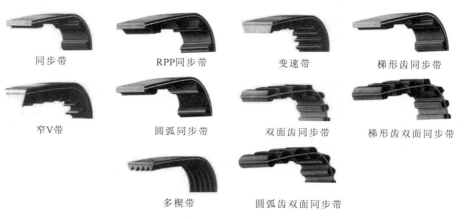

同步带　　　　　RPP同步带　　　　变速带　　　　　梯形齿同步带

窄V带　　　　　圆弧同步带　　　双面齿同步带　　梯形齿双面同步带

多楔带　　　圆弧齿双面同步带

图 2-1-2　同步齿形带结构

从几瓦到几千瓦；传动效率高，一般可达 98%，结构紧凑，适宜于多轴传动，不需润滑，无污染，因此可在不允许有污染和工作环境较为恶劣的场所下正常工作。广泛用于机床、通信电缆、化工、冶金、仪表仪器、汽车等各行业各种类型的机械传动中。

（二）同步带分类

同步带有梯形齿同步带和弧齿同步带两类。其中，弧齿同步带又有三种系列：圆弧齿系列（H系列，又称 HTD 带）、平顶圆弧齿系列（S 系列，又称为 STPD 带）和凹顶抛物线齿系列（R 系列）。

1.梯形齿同步带

梯形齿同步带分单面有齿同步带和双面有齿同步带两种，分别简称为单面带和双面带。双面带又按齿的排列方式分为对称齿型双面带（代号 DA）和交错齿型双面带（代号 DB）。梯形齿同步带有两种尺寸制：节距制和模数制。我国采用节距制，并根据 ISO 5296 制定了同步带传动相应标准 GB/T 11361～11362—2008 和 GB/T 11616—2013。

2.弧齿同步带

弧齿同步带除了齿形为曲线形外，其结构与梯形齿同步带基本相同，带的节距相当，其齿高、齿根厚和齿根圆角半径等均比梯形齿大。带齿受载后，应力分布状态较好，平缓了齿根的应力集中程度，提高了齿的承载能力。故弧齿同步带比梯形齿同步带传递功率大，且能防止啮合过程中齿的干涉。弧齿同步带耐磨性能好，工作时噪声小，不需润滑，可用于有粉尘的恶劣环境。

（三）同步带优缺点

1.优点

（1）工作时无滑动，有准确的传动比。同步带传动是一种啮合传动，虽然同步带是弹性体，但由于承受负载的承载绳具有在拉力作用下不伸长的特性，故能保持带节距不变，使带与轮齿槽能正确啮合，实现无滑差的同步传动，获得精确的传动比。

（2）传动效率高，节能效果好。由于同步带作无滑动的同步传动，故有较高的传动效率。它与三角带传动相比，有明显的节能效果。

（3）传动比范围大，结构紧凑。同步带传动的传动比一般可达到 10 左右，而且在大传动比情况下，其结构比三角带传动紧凑。

（4）维护保养方便，运转费用低。由于同步带中承载绳采用伸长率很小的玻璃纤维、钢丝等材料制成，故在运转过程中带伸长很小，不需要像三角带、链传动等需经常调整张紧力。

（5）恶劣环境条件下仍能正常工作。

2.缺点

（1）承载绳易断裂。带型号过小和小带轮直径过小等会造成承载绳断裂。

（2）爬齿和跳齿。同步带传递的圆周力过大、带与带轮间的节距差值过大、带的初拉力过小等，易造成爬齿和跳齿问题。

（3）带齿磨损。带齿与轮齿的啮合干涉、带的张紧力过大等，易造成带齿的磨损。

（4）其他失效方式。带和带轮的制造安装误差引起的带轮棱边磨损、带与带轮的节距差值太大和啮合齿数过少引起的带齿剪切破坏、同步带背的龟裂、承载绳抽出和包布层脱落等；在正常的工作条件下，同步带传动的设计准则是在不打滑的条件下，保证同步带的抗拉强度。在灰尘杂质较多的条件下，则应保证带齿的一定耐磨性。

（5）尽管同步带传动与其他传动相比有以上优点，但它对安装时的中心距要求极其严格，同时制造工艺复杂、制造成本高。

二、行星减速器

（一）行星减速器概述

行星减速器如图 2-1-3 所示，其主要传动结构为行星轮、中心轮和齿圈。行星轮的减速原理与齿轮减速原理相同，它有一个轴线位置固定的齿轮即中心轮（太阳轮），在中心轮边上有轴线变动的行星轮，即既做自转又做公转的齿轮，行星轮的支承构件即行星架，通过行星架将动力传到轴上，再传给其他齿轮。在行星减速器中，由一组若干个齿轮组成一个轮系，只有一个原动件，这种周转轮系称为行星轮系。

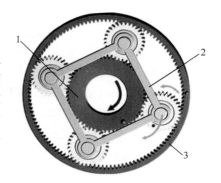

图 2-1-3　行星减速器

1—中心轮（主动件）；

2—行星架（从动件）；3—齿圈

（二）行星减速器的几种工作原理

行星减速器是一种应用广泛的减速器，它的主要传动结构，使得它的单级减速比一般在 3～10 之间，常见减速比为：3、4、5、6、8、10。行星减速器是通过针齿啮合来转动的，一套齿轮无法满足较大的传动比，有时需要两套或者三套来满足较大的传动比要求，但同时 2 级或 3 级减速器的长度会有所增加，导致效率会有所下降。

行星减速器多数安装在步进电动机和伺服电动机上，行星减速器的这种结构也决定了它的几种不同工作转动方式。

（1）齿圈固定，行星架主动，中心轮被动，它们的转向相同，这种组合为升速传动，传动比一般为 0.2～0.4。

（2）齿圈固定，中心轮主动，行星架被动，它们的转向相同，这种组合为降速传动，通常传动比一般为 2.5～5。

（3）中心轮固定，齿圈主动，行星架被动，它们的转向相同，这种组合为降速传动，传动比一般为 1.25～1.67。

（4）中心轮固定，行星架主动，齿圈被动，它们的转向相同，这种组合为升速传动，传动比一般为 0.6～0.8。

（5）行星架固定，中心轮主动，齿圈被动，它们的转向相反，这种组合为降速传动，传动比一般为 1.5～4。

（6）行星架固定，齿圈主动，中心轮被动，它们的转向相反，这种组合为升速传动，传动比一般为 0.25～0.67。

由于结构的原因，行星减速器的传动种类不同，能广泛应用于各类传动机械中。

（三）行星减速器的安装方法

行星减速器体积小、重量轻、承载能力强、传动效率高、使用寿命长、运转平稳、噪声低，具有功率分流、多齿啮合独用的特性等诸多优点，因而被广泛应用于伺服、步进、直流等传动系统中。其作用就是在保证精密传动的前提下，降低转速、增大扭矩和降低负载/电动机的转动惯量比。违规安装减速器会导致减速器的输出轴折断，下面介绍如何正确安装行星减速器。

正确安装、使用和维护减速器，是保证机械设备正常运行的重要环节。因此，在安装行星减速器时，务必严格按照下面的安装使用相关事项，认真地装配和使用。

第一步　安装前确认电动机和减速器是否完好无损，并且严格检查电动机与减速器相连接的各部位尺寸是否匹配,这里是指电动机的定位凸台、输入轴与减速器凹槽等的尺寸及配合公差。

第二步　旋下减速器法兰外侧防尘孔上的螺钉,调整 PCS 系统夹紧环使其侧孔与防尘孔对齐,插入内六角旋紧。之后,取走电动机轴键。

第三步　将电动机与减速器自然连接。连接时必须保证减速器输出轴与电动机输入轴同轴度一致,且二者外侧法兰平行。如同轴度不一致,会导致电动机轴折断或减速器齿轮磨损。另外,在安装时,严禁用铁锤等击打,防止轴向力或径向力过大而损坏轴承或齿轮。一定要将安装螺钉旋紧之后再旋紧紧力螺钉。安装前,将电动机输入轴、定位凸台及减速器连接部位的防锈油用汽油或锌钠水擦拭干净,其目的是保证连接的紧密性及运转的灵活性,并且防止不必要的磨损。

在电动机与减速器连接前,应先使电动机轴键槽与紧力螺钉垂直。为保证受力均匀,先将任意对角位置的安装螺钉旋上,但不要旋紧,再旋上另外两个对角位置的安装螺钉,然后逐个旋紧四个安装螺钉,最后旋紧紧力螺钉。所有紧力螺钉均需用力矩扳手按标明的固定扭力矩数据进行固定和检查。

减速器与机械设备间的正确安装类同减速器与驱动电动机间的正确安装。关键是要保证减速器输出轴与所驱动部分轴同轴度一致。

任务实施

根据机械部分装配图,如图 2-1-4 至图 2-1-7 所示,完成华数 ARA-1000D 直角坐标机器人机械部分的安装与调试。

一、按图样要求,备齐相关零部件和工具、量具

各轴装配零部件清单及工具、量具清单如表 2-1-1 至表 2-1-4 所示。

表 2-1-1　W 轴装配相关零部件清单及工具、量具清单表

零部件清单		
序号	名称	数量
1	底座	1
2	主臂	1
3	伺服电动机	1
4	减速器	1
5	连接板	1
6	线性滑轨及滑块	2
7	同步带	1
8	同步带轮	1
9	张紧轮	2
10	同步带固定座	2
11	防撞块	2
12	螺钉	若干

续表

工具、量具清单（由学生根据需要填写）		
序号	名称	数量
1	内六角扳手	1
2	力矩扳手	1
3	百分表	1
4	旋具	2
5	铜棒	1
6		
7		
8		
9		
10		

表 2-1-2　U、V 轴装配相关零部件清单及工具、量具清单表

零部件清单		
序号	名称	数量
1	主臂	1
2	伺服电动机	2
3	减速器	2
4	线性滑轨及滑块	2
5	同步带	2
6	同步带轮	2
7	张紧轮	4
8	同步带固定座	4
9	防撞块	3
10	螺钉	若干
11	盖板	2
工具、量具清单		
序号	名称	数量
1	内六角扳手	1
2	力矩扳手	1
3	百分表	1
4	旋具	2
5	铜棒	1
6		
7		
8		

表 2-1-3　A 轴装配相关零部件清单及工具、量具清单表

零部件清单		
序号	名称	数量
1	主臂	2
2	伺服电动机	1
3	减速器	1
4	线性滑轨及滑块	2
5	同步带	2
6	同步带轮	1
7	张紧轮	3
8	同步带固定座	4
9	防撞块	1
10	导轨连接板	1
11	支承座	1
12	气缸	1
13	执行机构连接板	1
14	盖板	4
15	螺钉	若干
工具、量具清单（由学生根据需要填写）		
序号	名称	数量
1	内六角扳手	1
2	力矩扳手	1
3	百分表	1
4	旋具	2
5	铜棒	1
6		

表 2-1-4 B 轴装配相关零部件清单及工具、量具清单表

零部件清单		
序号	名称	数量
1	主臂	2
2	伺服电动机	1
3	减速器	1
4	线性滑轨及滑块	2
5	同步带	2
6	同步带轮	1
7	张紧轮	3
8	同步带固定座	4
9	防撞块	1
10	导轨连接板	1
11	支承座	1
12	气缸	1
13	执行机构连接板	1
14	盖板	4
15	螺钉	若干
工具、量具清单(由学生根据需要填写)		
序号	名称	数量
1	内六角扳手	1
2	力矩扳手	1
3	百分表	1
4	旋具	2
5	铜棒	1
6		

二、W 轴安装

W 轴的装配图如图 2-1-4 所示。

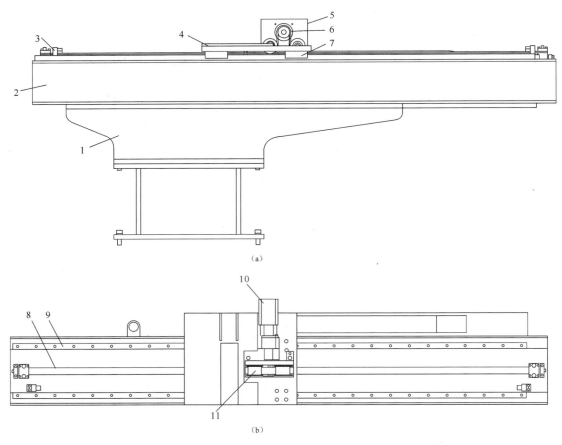

图 2-1-4　ARA-1000D 直角坐标机器人 W 轴的装配图

1—底座；2—主臂；3—防撞限位块；4—连接板；5—电动机连接座；6—同步轮；7—滑块；

8—同步带；9—线性滑轨；10—伺服电动机；11—张紧轮

（一）装配步骤及注意事项

W 轴的装配步骤及注意事项如表 2-1-5 所示。

表 2-1-5　W 轴的装配步骤及注意事项

步骤	装 配 内 容	配合及连接方法	装 配 要 求
1	底座安装与主臂安装	螺钉连接	连接牢固
2	线性滑轨及滑块与主臂安装	螺钉连接	导轨平行度 0.02 mm
3	同步带固定座与主臂安装	螺钉连接	传动带顺利运动
4	防撞块与主臂安装	螺钉连接	连接牢固
5	减速器与同步带轮安装	孔轴配合,键连接	同轴度 ϕ0.01 mm
6	伺服电动机与减速器安装	螺钉连接	同轴度 ϕ0.01 mm
7	连接板与减速器安装	螺钉连接	连接牢固
8	张紧轮与主臂安装	螺钉连接	连接牢固
9	安装同步带	螺钉连接	连接牢固

（二）检测

W 轴的安装检测表如表 2-1-6 所示。按照检测内容及检测要点进行检测，并将检测结果与装配体会填入表中。

表 2-1-6　W 轴的安装检测表

步骤	检 测 内 容	检测要点	检测结果	装配体会
1	底座安装	连接牢固		
2	线性滑轨及滑块与主臂安装	导轨平行度		
3	同步带固定座与主臂安装	传动带顺利运动		
4	防撞块与主臂安装	连接牢固		
5	减速器与同步带轮安装	同轴度		
6	伺服电动机与减速器安装	同轴度		
7	连接板与减速器安装	连接牢固		
8	张紧轮与主臂安装	连接牢固		
9	安装同步带	连接牢固		

三、U、V 轴的安装

U、V 轴的装配图如图 2-1-5 所示。

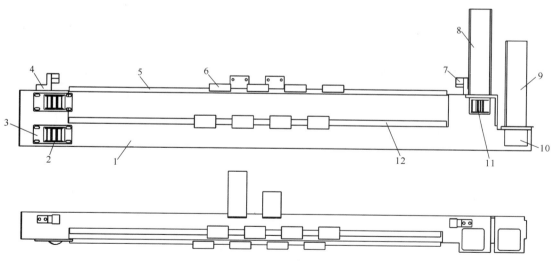

图 2-1-5　ARA-1000D 直角坐标机器人 U、V 轴配图

1—悬臂；2—同步轮；3—同步轮固定座；4—防撞限位块；5,12—线性滑轨；6—滑块；

7—防撞限位块；8,9—伺服电动机；10,11—减速器

（一）装配步骤及注意事项

U、V 轴的装配步骤及注意事项如表 2-1-7 所示。

表 2-1-7　U、V 轴的装配步骤及注意事项

步骤	装配内容	配合及连接方法	注意事项
1	主臂安装到 W 轴上	螺钉连接	垂直度 0.02 mm
2	线性滑轨及滑块与主臂安装	螺钉连接	导轨平行度 0.02 mm
3	同步带固定座与主臂安装	螺钉连接	皮带顺利运动
4	防撞块与主臂安装	螺钉连接	连接牢固
5	减速器与同步带轮安装	孔轴配合,键连接	同轴度 $\phi0.01$ mm
6	伺服电动机与减速器安装	螺钉连接	同轴度 $\phi0.01$ mm
7	主臂与减速器安装	螺钉连接	连接牢固
8	张紧轮与主臂安装	螺钉连接	连接牢固
9	安装同步带	螺钉连接	连接牢固
10	安装盖板	螺钉连接	连接牢固

（二）检测

U、V 轴的装配检测表如表 2-1-8 所示。按照检测内容及检测要点进行检测,并将检测结果与装配体会填入表中。

表 2-1-8　U、V 轴的装配检测表

步骤	检测内容	检测要点	检测结果	装配体会
1	主臂安装到 W 轴上	垂直度		
2	线性滑轨及滑块与主臂安装	导轨平行度		
3	同步带固定座与主臂安装	传动带顺利运动		
4	防撞块与主臂安装	连接牢固		
5	减速器与同步带轮安装	同轴度		
6	伺服电动机与减速器安装	同轴度		
7	主臂与减速器安装	连接牢固		
8	张紧轮与主臂安装	连接牢固		
9	安装同步带	连接牢固		
10	安装盖板	连接牢固		

四、A 轴的安装

A 轴的安装图如图 2-1-6 所示。

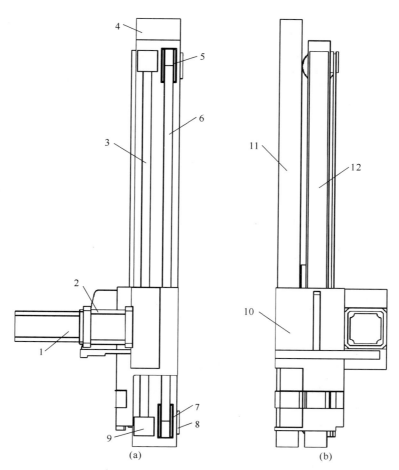

图 2-1-6 ARA-1000D 直角坐标机器人 A 轴装配图

1—伺服电动机;2—减速器;3,6—同步带;4,9—压板;5,7—同步轮;

8—传动轴;10—连接板;11—主动臂;12—从动臂

（一）装配步骤及注意事项

A 轴的装配步骤及注意事项如表 2-1-9 所示。

表 2-1-9 A 轴装配步骤及注意事项

步骤	装 配 内 容	配合及连接方法	注意事项
1	导轨连接板安装到 U 轴上	螺钉连接	连接牢固
2	导轨连接板与支承座安装	螺钉连接	连接牢固
3	主臂安装到支承座	螺钉连接	垂直度 0.02 mm
4	线性滑轨及滑块安装到主臂上	螺钉连接	导轨平行度 0.02 mm
5	同步带固定座与主臂安装	螺钉连接	传动带顺利运动
6	同步带固定座与副臂安装	螺钉连接	传动带顺利运动
7	副臂与主臂安装	螺钉连接	传动带顺利运动
8	防撞块与主臂安装	螺钉连接	连接牢固

步骤	装 配 内 容	配合及连接方法	注意事项
9	减速器与同步带轮安装	孔轴配合,键连接	同轴度 $\phi 0.01$ mm
10	伺服电动机与减速器安装	螺钉连接	同轴度 $\phi 0.01$ mm
11	主臂与减速器安装	螺钉连接	连接牢固
12	张紧轮与主臂安装	螺钉连接	连接牢固
13	安装同步带	螺钉连接	连接牢固
14	安装盖板	螺钉连接	连接牢固
15	执行机构连接板与主臂安装	螺钉连接	连接牢固
16	气缸与执行机构连接板安装	螺钉连接	连接牢固
17	气缸与执行机构安装	螺钉连接	连接牢固

（二）检测

A 轴的装配检测表如表 2-1-10 所示。按照检测内容和检测要点进行检测,并将检测结果和装配体会填入表中。

表 2-1-10　A 轴的装配检测表

步骤	检 测 内 容	检测要点	检测结果	装配体会
1	导轨连接板安装到 U 轴上	连接牢固		
2	导轨连接板与支承座安装	连接牢固		
3	主臂安装到支承座	垂直度		
4	线性滑轨及滑块安装到主臂	导轨平行度		
5	同步带固定座与主臂安装	传动带顺利运动		
6	同步带固定座与副臂安装	传动带顺利运动		
7	副臂与主臂安装	传动带顺利运动		
8	防撞块与主臂安装	连接牢固		
9	减速器与同步带轮安装	同轴度		
10	伺服电动机与减速器安装	同轴度		
11	主臂与减速器安装	连接牢固		
12	张紧轮与主臂安装	连接牢固		
13	安装同步带	连接牢固		
14	安装盖板	连接牢固		
15	执行机构连接板与主臂安装	连接牢固		
16	气缸与执行机构连接板安装	连接牢固		
17	气缸与执行机构安装	连接牢固		

五、B 轴的安装

B 轴的装配图如图 2-1-7 所示。

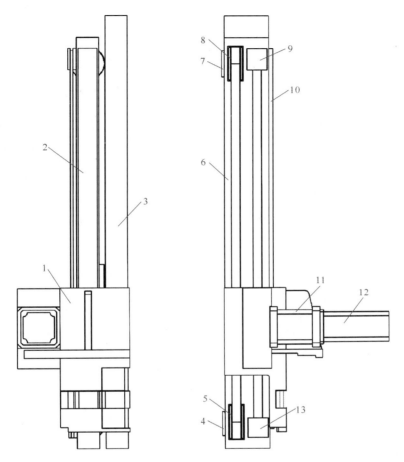

图 2-1-7 ARA-1000D 直角坐标机器人 B 轴装配图

1—连接板;2—从动臂;3—主动臂;4,7—传动轴;5,8—同步轮;6,10—同步带;

9,13—压板;11—减速器;12—伺服电动机

(一) 装配步骤及注意事项

B 轴的装配步骤及注意事项如表 2-1-11 所示。

表 2-1-11 B 轴的装配步骤及注意事项

步骤	装 配 内 容	配合及连接方法	注意事项
1	导轨连接板安装到 U 轴上	螺钉连接	连接牢固
2	导轨连接板与支承座安装	螺钉连接	连接牢固
3	主臂安装到支承座	螺钉连接	垂直度 0.02 mm
4	线性滑轨及滑块安装到主臂	螺钉连接	导轨平行度 0.02 mm
5	同步带固定座与主臂安装	螺钉连接	传动带顺利运动
6	同步带固定座与副臂安装	螺钉连接	传动带顺利运动

步骤	装 配 内 容	配合及连接方法	注意事项
7	副臂与主臂安装	螺钉连接	传动带顺利运动
8	防撞块与主臂安装	螺钉连接	连接牢固
9	减速器与同步带轮安装	孔轴配合,键连接	同轴度 ϕ0.01 mm
10	伺服电动机与减速器安装	螺钉连接	同轴度 ϕ0.01 mm
11	主臂与减速器安装	螺钉连接	连接牢固
12	张紧轮与主臂安装	螺钉连接	连接牢固
13	安装同步带	螺钉连接	连接牢固
14	安装盖板	螺钉连接	连接牢固
15	执行机构连接板与主臂安装	螺钉连接	连接牢固
16	执行机构与执行机构连接板安装	螺钉连接	连接牢固

（二）检测

B 轴的装配检测表如表 2-1-12 所示。按照检测内容和检测要点进行检测,并将检测结果和装配体会填入表中。

表 2-1-12　B 轴的装配检测表

步骤	检 测 内 容	检测要点	检测结果	装配体会
1	导轨连接板安装到 U 轴上	连接牢固		
2	导轨连接板与支承座安装	连接牢固		
3	主臂安装到支承座	垂直度		
4	线性滑轨及滑块安装到主臂	导轨平行度		
5	同步带固定座与主臂安装	传动带顺利运动		
6	同步带固定座与副臂安装	传动带顺利运动		
7	副臂与主臂安装	传动带顺利运动		
8	防撞块与主臂安装	连接牢固		
9	减速器与同步带轮安装	同轴度		
10	伺服电动机与减速器安装	同轴度		
11	主臂与减速器安装	连接牢固		
12	张紧轮与主臂安装	连接牢固		
13	安装同步带	连接牢固		
14	安装盖板	连接牢固		
15	执行机构连接板与主臂安装	连接牢固		
16	执行机构与执行机构连接板安装	连接牢固		

展示评估

任务一评估表

基本素养(20分)				
序号	评估内容	自评	互评	师评
1	纪律(无迟到、早退、旷课)(10分)			
2	参与度、团队协作能力、沟通交流能力(5分)			
3	安全规范操作(5分)			
理论知识(20分)				
序号	评估内容	自评	互评	师评
1	同步齿形带相关知识掌握(10分)			
2	行星减速器相关知识掌握(10分)			
技能操作(60分)				
序号	评估内容	自评	互评	师评
1	零部件、工量具准备(5分)			
2	W 轴装配(10分)			
3	U、V 轴装配(10分)			
4	A、B 轴装配(10分)			
5	执行机构安装(10分)			
6	机械部分总装(15分)			
综合评价				

思考与练习

1. 简述同步齿形带传动的工作原理。
2. 在安装行星减速器时,有哪些注意事项?

任务二　直角坐标机器人的电气系统的装配与调试

知识目标

- 了解卡爪式夹持器的工作原理。
- 掌握电气控制柜接线工艺。

技能目标

- 能完成伺服电动机参数设置。
- 能完成 PLC 程序的装置。
- 会使用工业机器人示教器。

知识准备

卡爪式夹持器分为弹力型、回转型和平移型三种类型。回转型夹持器开合占用空间较小，但是夹持中心变化。当手爪夹紧和松开物体时，手指做回转运动。当被抓物体的直径大小变化时，需要调整其手爪的位置才能保持物体的中心位置不变。平移型夹持器开合占用空间较大，但是夹持中心不变。手爪由平行四杆机构传动，当手爪夹紧和松开物体时，手指的姿态不变，做平动。常见的卡爪式夹持器如图 2-2-1 所示。

图 2-2-1　常见的卡爪式夹持器

任务实施

根据电气系统接线图完成华数 ARA-1000D 直角坐标机器人电气部分的安装与调试。

一、按图样要求，备齐相关工具和相关材料

（一）装配工具

在装配过程中，使用的相关工具包括：大号十字旋具、中号十字旋具，小一字旋具、剥线钳、斜口钳、万用表、内六角扳手、呆扳手、$\phi2.5$ 钻头、$\phi3.2$ 钻头、$\phi4.2$ 钻头、M3 丝锥、M4 丝锥、丝锥铰杠、粗齿锉一套、手电钻等。

（二）装配材料

如表 2-2-1 所示的为实际装配过程中所需要的绝大部分清单，还有部分元件未列在表中，要求学生根据连线图补全该元件清单。

表 2-2-1　装配材料清单

序号	品　　名	规 格 型 号	单位	数量
1	伺服驱动器	HSV-160U-0_0	个	10
2	IPC 控制器及配件		套	2
3	手操器及其配件		套	2

序号	品　　名	规 格 型 号	单位	数量
4	总线式 I/O 单元 6 槽底板	HIO-1006	个	2
5	总线式 I/O 单元 NCUC 通信模块	HIO-1061	个	2
6	总线式 I/O 单元 NPN 输出模块（16 位）	HIO-1021N	个	4
7	总线式 I/O 单元 NPN 输入模块（16 位）	HIO-1011N	个	4
8	干式隔离变压器	输入 380 V，输出 220 V，功率 4 kV·A	个	2
9	开关电源	NES-100-24	个	4
10	数控装置电源电缆　0.6 m	HCB-0008-1000-000.6	根	2
11	总线电缆　0.4 m	HCB-0000-2102-000.4	根	10
12	总线电缆　1 m	HCB-0000-2102-001	根	4
13	J1/J2 轴电动机编码线　8 m（GK6031-8AF31-J29B）	HCB-9160-0021-8DB	根	8
14	J3/J4 轴电动机编码线　10 m（GK60258AF31-J29B）	HCB-9160-0021-10DB（10 m）	根	8
15	J5 轴电动机编码线　12 m（TS4607N2190E200）	电动机编码器线 12 m（TS4607N2190E200）	根	2
16	J1/J2/J3/J4 轴电动机抱闸线　10 m	HCB-9160-4000-10CD	根	8
17	J1/J2/J3/J4/J5 轴高柔性电动机动力线（拖链专用线）	4G1.5 屏蔽，20 m	m	60
18	信号线和 J5 轴一起埋线	CF240 PUR 03.04（14 芯 0.34 屏蔽）	m	30
19	电气控制柜	600 mm×400 mm×1000 mm	个	1
20	电气控制柜风扇	轴流风扇/KA12038HAZ（S+FU9803A）	套	2
21	风机网罩	风机罩体/S+FU9803A	套	4
22	柜内灯	灯泡/柜内灯/T4-16W	套	2
23	柜门内开关	微动开关/AZ7311/柜门内开关	套	2
24	电源指示灯	XB2BVB1LC（带底座）24V 白色	套	2
25	红色警示灯	XB2BVB4LC（带底座）24V 红色	套	2
26	急停按钮	ZB2BS54C 红色（带底座）	套	2
27	面板电源开关	旋转开关/LW39-16A/APT 西门子/YS-9AC-04,A70	套	2
28	3P32A 空气开关	C65N-C32/3P	套	4
29	三相维修插座	AC3P-16A/三相维修插座	套	2
30	继电器	RXM2LB2BD 带指示灯 24VDC（带底座）	套	40
31	交流接触器（DC24V）	交流接触器/LC1DT40BDC	套	2
32	磁性开关	SMC D-Z73	个	20
33	单向电磁阀	SY3120-1GZD-M5	个	12
34	双向电磁阀	SY3120-2LOZD-C6	个	8

序号	品　名	规格型号	单位	数量
35	电磁气缸	CDUK6-30D	个	20
36	空气过滤器	SMC AW2000-01	个	若干
37	气动接头	KQ2U06-00	个	若干
38	信号线接线端子	UKJ-2.5	个	250
39	电源接线端子	UKJ-6	个	8
40	地线接线端子	UKJ-6GD	个	2
41	接线端子附件	端板 UKJ-G(DUK)	个	20
42	接线端子附件	终端固定件 UKJ-2G2	个	20
43	接线端子附件	端子标记夹 UKJ-BJ	个	10
44	接线端子附件	快速标记条 UZB 5-10 横	条	8
45	接线端子附件	快速标记条 UZB 5-10 横	条	6
46	接线端子附件	快速标记条 UZB 5-10 横	条	6
47	接线端子附件	快速标记条 UZB 5-10 横	条	4
48	接线端子附件	快速标记条 UZB 5-10 横	条	4
49	接线端子附件	快速标记条 UZB 8-10 横	条	4
50	接线端子附件	固定式桥接件 10 位 UFBI 10-5	条	10
51	线槽	UXC1 50 mm×30 mm	m	15
52	标准导轨	35 mm	m	8
53	耐磨编制管	723025-8(黑色)	m	4
54	波纹管接头	电缆连接头/MB-10BF/波纹管接头	个	4
55	F08 防水尼龙软管	PB-10/波纹管	m	20
56	线缆固定头	PF-21K	个	4
57	线缆固定头	PF-33	个	4
58	扎线带	扎带/GT-150M	包	2
59	扎线带	扎带/GT-250M	包	2
60	扎线带	扎带/GT-350M	包	2
61	G11 自由绝缘保护套	YG-20	m	1
62	黏块	WB-101	包	4
63	缠绕管	卷式结束带/YS-12	m	4
64	欧式冷压端子	C0.5-10-橘	包	2
65	欧式冷压端子	C0.75-10-蓝	包	6
66	欧式冷压端子	C1.0-10-红	包	4
67	欧式冷压端子	C1.5-10-黑	包	4
68	Y 形开口压接端子	V1.25-S3Y	包	2
69	Y 形开口压接端子	V1.25-4Y	包	2
70	Y 形开口压接端子	V2-4Y	包	2
71	对接压接端子	0.5M/F(公/母)	包	2
72	线缆-黑	单芯信号线/RBV -0.75/黑	m	200
73	线缆-黑	单芯信号线/RBV -0.5/黑	m	100
74	信号线	RVV 15×0.75	m	26
75	动力电缆	BVR 4 黑色	m	50
76	动力电缆	BVR 2.5 黑色	m	50

序号	品　　名	规 格 型 号	单位	数量
77	动力电缆	BVR 1.5 黑色	m	50
78	电气控制柜与本体连接动力电缆	RVV 4×2.5	m	50
79	继电器端子用线	BVR 1.0 黑色	m	100
80	工业水晶头	工业水晶头	个	4
81	号码管	ϕ1.0 mm(0.5 信号线用)	卷	2
82	号码管	ϕ1.5 mm(0.75 信号线用)	卷	2
83	标签纸	线号机用打印标签纸(黄色)	卷	2
84	坦克链	内腔 25 mm×30 mm	m	2
85	重载连接器(测出线单扣)带接头	HDD-040-F/M H16B-SEH-2B-PG29 H16B-BK-1L-MCV-T	套	2
86	重载连接器(后出线双扣)带接头	HDD-040-F/M H16B-TEH-4B-PG29 H16B-BK-2L-T	套	2
87				
88				
89				
90				
91				
92				
93				
94				
95				
96				
97				
98				
99				
100				

二、电气控制柜线路安装

第一步　根据电气控制柜电气布置图进行元件布置。布局与圆柱坐标机器人电气控制柜基本相似。

第二步　根据如图 2-2-2、图 2-2-3 所示的强电回路控制接线图接线。

第三步　根据如图 2-2-4、图 2-2-5 所示的机械手 PLC 的输入回路接线图接线。

第四步　根据如图 2-2-6、图 2-2-7 所示的注塑机 PLC 的输入回路接线图接线。

第五步　根据如图 2-2-8 所示的机械手 PLC 的输出回路接线图接线。

第六步　根据如图 2-2-9、图 2-2-10 所示的电磁阀控制回路接线图接线。

第七步　根据如图 2-2-11、图 2-2-12 所示的继电器接线图接线。

第八步　根据如图 2-2-13 所示的检测开关接线图接线。

第九步　根据如图 2-2-14 所示的气路接线图接线。

第十步　根据如图 2-2-15 所示的总线线缆接线图接线。

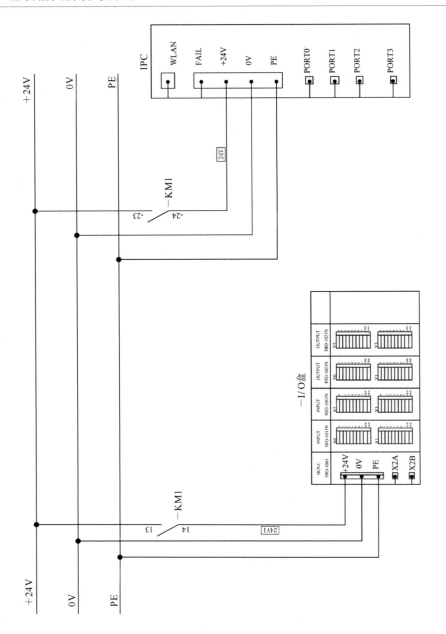

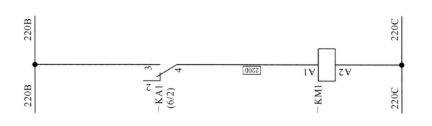

图2-2-2　强电回路控制接线图1

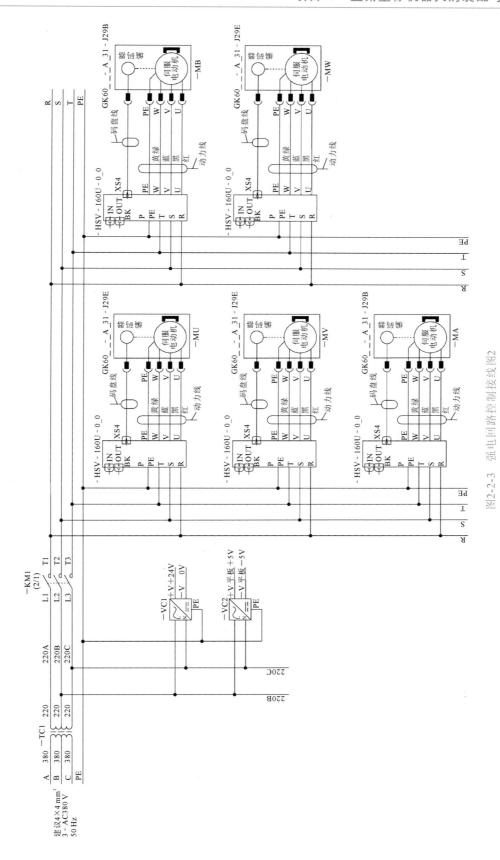

图2-2-3　强电回路控制接线图2

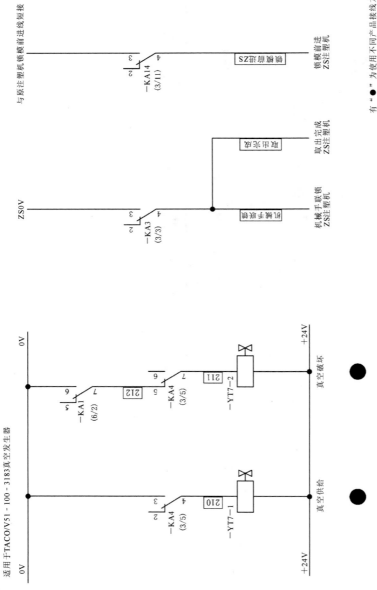

图2-2-4 机械手PLC的输入回路接线图1

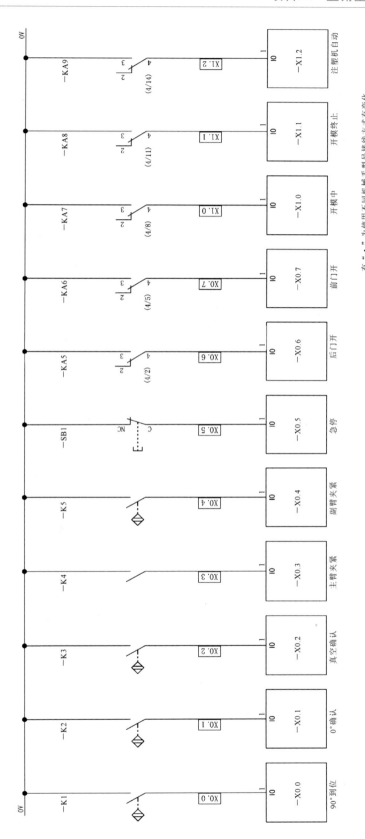

图2-2-5 机械手PLC的输入回路接线图2

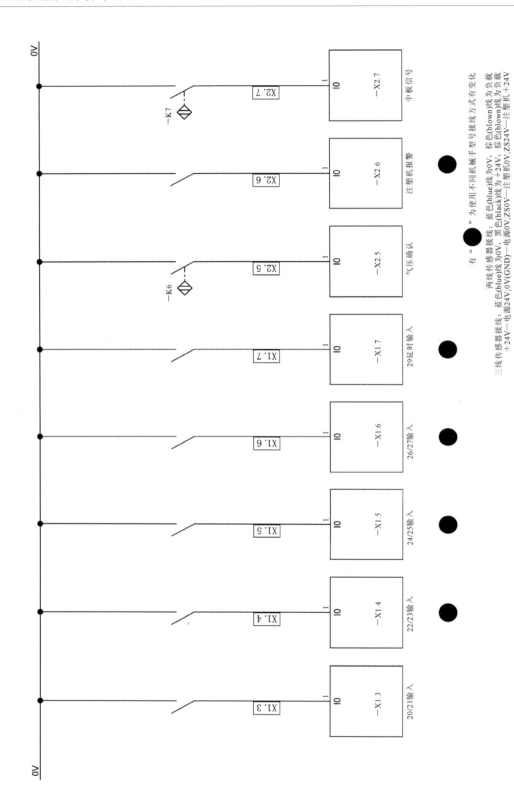

图2-2-6 注塑机PLC的输入回路接线图1

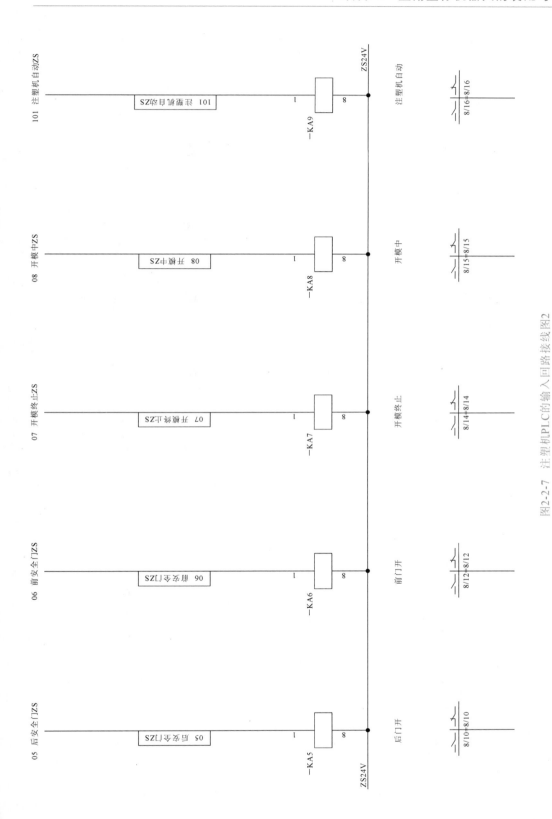

图2-2-7 注塑机PLC的输入回路接线图2

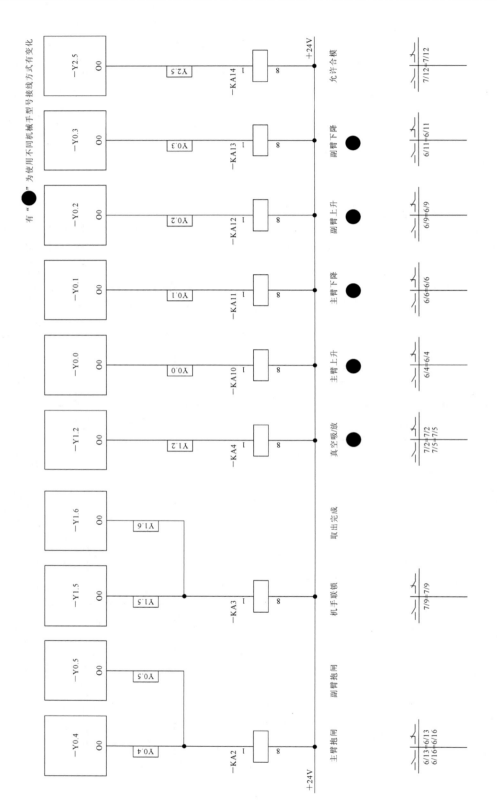

图2-2-8 机械手PLC的输出回路接线图

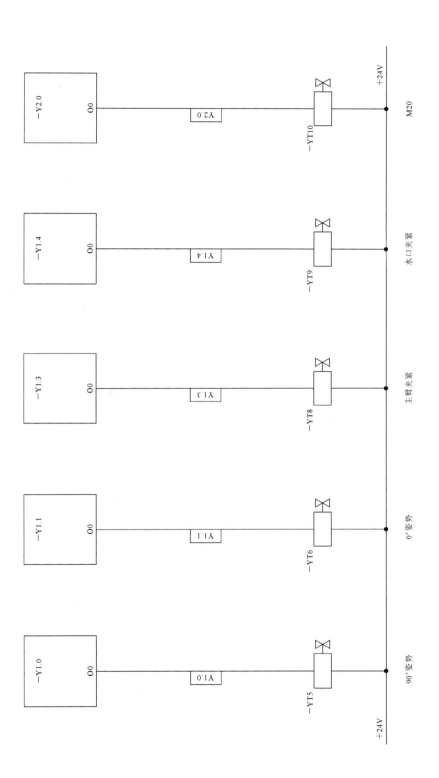

图2-2-9　电磁阀控制回路接线图1

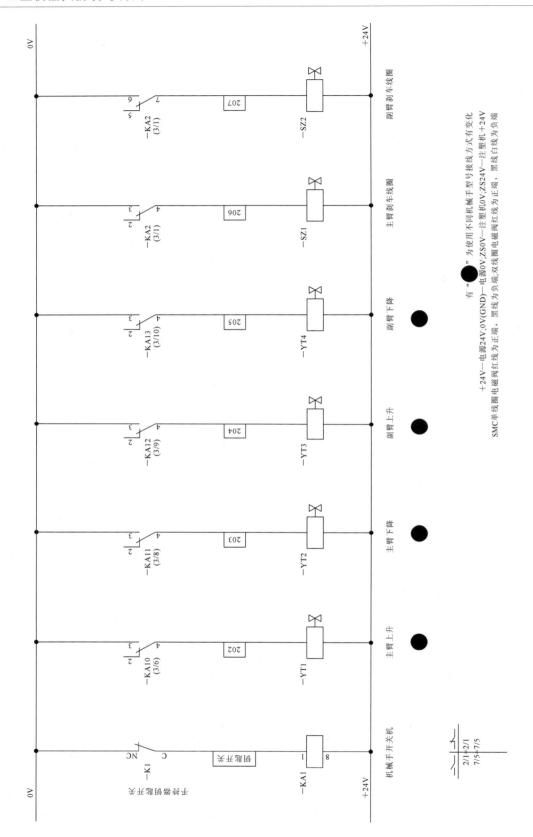

图2-2-10 电磁阀控制回路接线图2

SMC单线圈线方式：电磁阀红线为正端，黑线白线为负端
+24V—电源24V,0V(GND)—电源0V;ZS0V—注塑机0V;ZS24V—注塑机+24V
有"●"为使用不同机械手型号接线方式有变化
+24V—电源24V;0V(GND)—电源0V;ZS0V—注塑机0V;ZS24V—注塑机+24V;电磁阀红线为正端,双线圈双线端为负端,黑线为负端,双线圈电磁阀红线为正端,黑线白线为负端

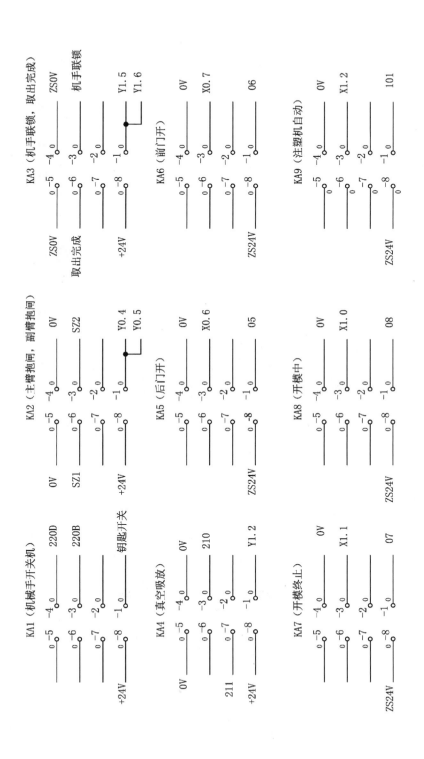

图2-2-11　继电器接线图1

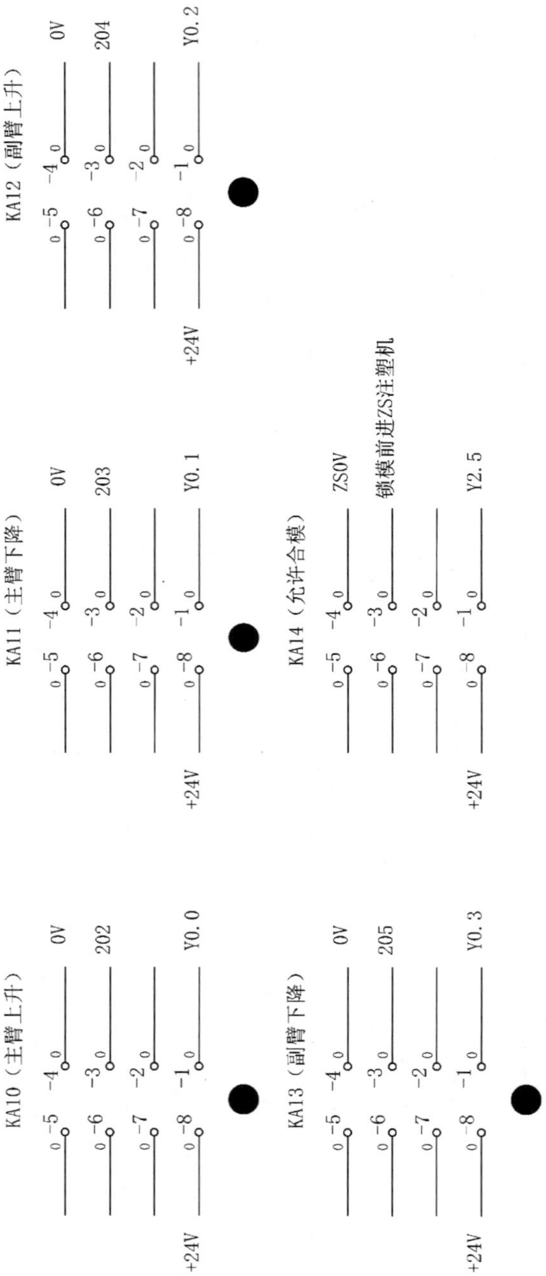

KA12（副臂上升）

0V
204
Y0.2

-4
-3
-2
-1
-5
-6
-7
-8
+24V

KA11（主臂下降）

0V
203
Y0.1

-4
-3
-2
-1
-5
-6
-7
-8
+24V

KA14（允许合模）

ZS0V
锁模前进ZS注塑机
Y2.5

-4
-3
-2
-1
-5
-6
-7
-8
+24V

KA10（主臂上升）

0V
202
Y0.0

-4
-3
-2
-1
-5
-6
-7
-8
+24V

KA13（副臂下降）

0V
205
Y0.3

-4
-3
-2
-1
-5
-6
-7
-8
+24V

有"●"为使用不同机械手型号接线方式有变化

+24V—电源24V;0V(GND)—电源0V;ZS0V—注塑机0V;ZS24V—注塑机+24V

图2-2-12　继电器接线图2

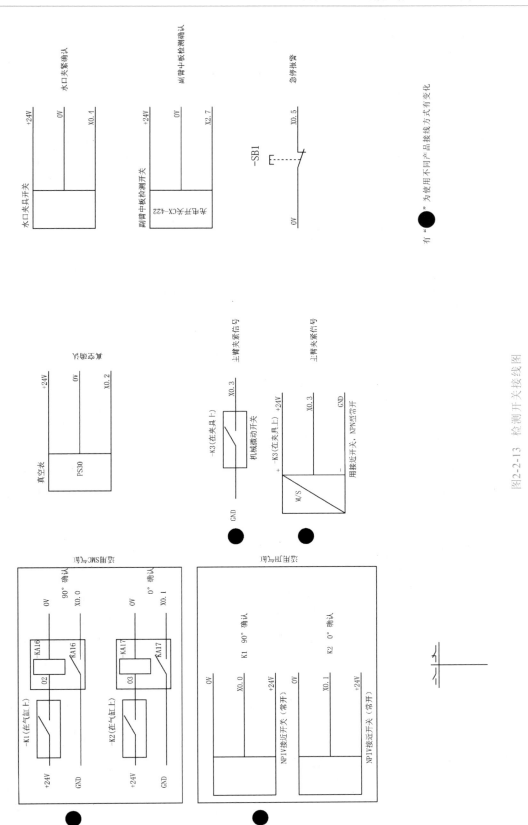

图2-2-13　检测开关接线图

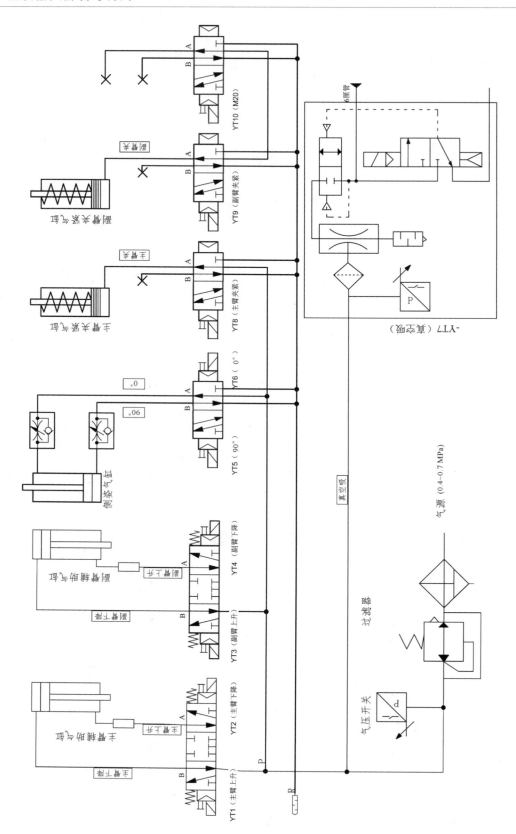

图2-2-14　气路接线图

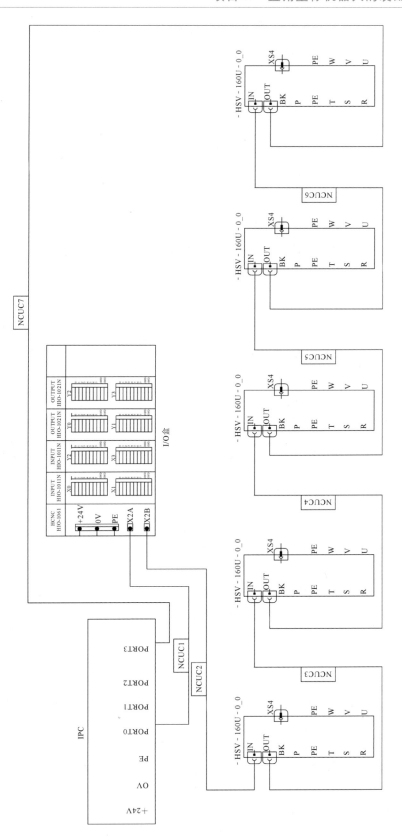

图2-2-15　总线线缆接线图

注意：以上接线图请结合接线端子排接线图连接。所有外接线都应该经过接线端子排转接，而且该线上的线标号必须准确清楚，接线位置与图样标注一致。

三、本体气路安装

根据气路接线要求，完成机器人本体气路安装。

展示评估

任务二评估表

基本素养（20分）				
序号	评估内容	自评	互评	师评
1	纪律（无迟到、早退、旷课）(10分)			
2	参与度、团队协作能力、沟通交流能力(5分)			
3	安全规范操作(5分)			
理论知识（20分）				
序号	评估内容	自评	互评	师评
1	元件安装工艺相关知识掌握(10分)			
2	配线相关知识掌握(5分)			
3	真空吸盘及真空发生器相关知识掌握(5分)			
技能操作（60分）				
序号	评估内容	自评	互评	师评
1	元器件合理选择(5分)			
2	元器件合理布局(5分)			
3	主电路安装正确性(10分)			
4	控制回路安装正确性(10分)			
5	PLC 输入回路安装正确性(10分)			
6	PLC 输出回路安装正确性(10分)			
7	总线安装正确性(10分)			
综合评价				

思考与练习

1. 在机器人末端执行器中，卡爪式夹持器可分为哪三种类型？

2. 电气控制柜线路安装的注意事项有哪些？

3. 设置直角坐标机器人伺服电动机的参数有哪些？

任务三 直角坐标机器人整机的安装与调试

知识目标

- 掌握直角坐标机器人调试的常用参数。
- 了解伺服电动机工作原理。

技能目标

- 能完成伺服电动机参数设置。
- 能完成 PLC 程序的装置。
- 会使用工业机器人示教器。

任务描述

根据要求,完成华数 ARA-1000D 直角坐标机器人整机的安装与调试,并实现要求工作任务。

任务实施

完成华数 ARA-1000D 直角坐标机器人整机的安装与调试。

一、完成本体与电气控制柜的总线连接

完成机器人本体与电气控制柜的总线连接,并对各电动机逐一进行通电测试,主要检测电气系统是否正常运行和各传动机构运行是否顺畅。

二、实现调试任务

将表 2-3-1 所示的调试数据录入示教器,并运行。

表 2-3-1 录入示教器中的数据

	W	V	B	U	A	M	速度
当前位置	100	100	100	100	100		
W 单独行走	100						
U 单独行走				100			
V 单独行走		200					
A 单独行走					−500		
B 单独行走			−500				
真空吸						12	
A、B 同时行走			0		0		
摆 90°						10	
W 单独行走	500						
U、V 同时行走		400		300			
A、B 同时行走			−300		−300		
真空放						13	
U、V 同时行走		300		200			
A、B 同时行走			0		0		
摆 0°						11	

三、检测

1.定位精度

使用绝对激光跟踪仪,检测机器人定位精度。

2.检测重复定位精度

使用绝对激光跟踪仪,检测机器人重复定位精度,在进行重复定位精度检测时,应运行调试任务大于 10 次。

3.检测速度

根据用户说明书,检测机器人最高和最低运行速度。

4.检测机器人长度行程

根据用户说明书,检测机器人长度行程。

展示评估

任务三评估表

基本素养(20 分)			
评估内容	自评	互评	师评
基本素养			
理论知识(20 分)			
评估内容	自评	互评	师评
理论知识			
技能操作(60 分)			
评估内容	自评	互评	师评
技能操作			
综合评价			

思考与练习

1.直角坐标机器人在装调过程中,哪些部分需要调整同轴度?

2.直角坐标机器人在装调过程中,哪些部分需要调整平行度?

3.简述同步带工作原理。

项目三　六轴机器人的装配与调试

项目描述

完成华数 HSR-JR608 六轴机器人的装配与调试。这种机器人主要应用于汽车制造、焊接、机械加工等领域。

由于六轴机器人的通用性较强,理论上任何空间的工作都能完成,所以六轴机器人在自动化生产过程中运用十分广泛。目前常用的自动化领域大致有如下几类。

1. 冲压自动化

在冲压生产线,特别是大型冲压生产线上,1000 t 以上压机组成的生产线,通常一台压机就需要 4 个人左右,这种生产线采用六轴机器人能节省大量人工,并提高效率。机器人末端通常采用端拾器拾取冲压件,完全组成一条自动化生产线的冲压任务。

2. 热锻自动化

热锻压车间工作环境非常恶劣,人工成本较高,尤其是夏天。越来越少的人愿意从事热锻压工作。六轴机器人组成热锻生产线需要满足以下条件:① 耐高温(通常 900 ℃左右)夹具设计;② 自动上料到中频炉(上料自动);③ 自动喷脱模剂装置;④ 机器人高等级防护,防粉末等。

3. 机加工自动化

上、下料机器人在工业生产中一般是为机床服务的。数控机床的加工时间包括切削时间和辅助时间。当上、下料机器人的上料精度达到一定的标准后,就可以缩减数控机床对刀的次数和时间,从而减少切削时间。机床上、下料需要较高精度和自由度,目前运用较广的是通过六轴机器人组成机械加工自动化单元。六轴机器人与数控机床完全能够组成无人车间,从而降低人工成本,提高加工效率。

4. 焊接自动化

焊接对工人技术要求较高,点焊和弧焊均需技术熟练才能完成,人工成本较高。在汽车行业,目前基本实现利用六轴机器人替代人工进行焊接工作,提高了生产效率,提升了焊接质量,整体提高了汽车工业的行业水平。

5. 打磨抛光自动化

打磨和抛光不仅对工人的技术水平要求较高,而且其工作环境较为恶劣,会对工人的健康造成一定的影响。利用六轴机器人完全可以替代人工,这样不仅能降低人员暴露于恶劣环境下的危害,而且能形成高度一致的产品质量。由于工艺要求较高,目前六轴机器人在此领域正逐渐完善其自动化升级过程。

项目目标

● 能对六轴机器人的机械部分进行装配与调试。

● 能对六轴机器人的电气系统进行装配与调试。

● 能完成六轴机器人整机的装配与调试。

任务一　六轴机器人的机械部分的装配与调试

知识目标

- 了解谐波减速器工作原理。
- 了解吊装的安全操作规范。
- 了解预设式力矩扳手的特点。
- 了解减速器的日常保养方法。

技能目标

- 能正确安装谐波减速器。
- 能安装调试六轴机器人整机。
- 能正确使用力矩扳手。

任务描述

根据图 3-1-1,完成华数 HSR-JR608 六轴机器人机械部分的安装与调试。

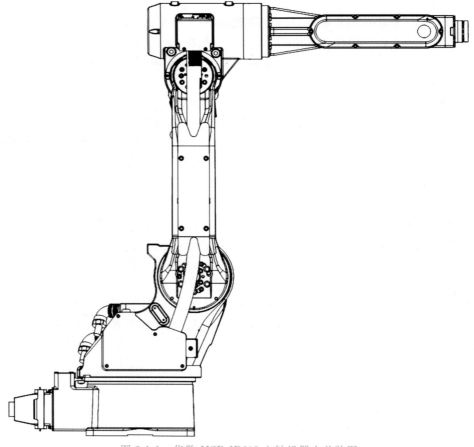

图 3-1-1　华数 HSR-JR608 六轴机器人总装图

知识准备

一、谐波减速器

（一）谐波减速器概述

谐波减速器是一种由固定的内齿刚轮、柔轮和使柔轮发生径向变形的波发生器组成的减速器，具有高精度、高承载力等优点，和普通减速器相比，由于使用的材料要少 50%，其体积和重量至少减少 1/3。

（二）谐波减速器传动原理

谐波传动是利用柔性元件可控的弹性变形来传递运动和动力的。

谐波传动包括三个基本构件：波发生器、柔轮、刚轮。三个构件可任意固定一个，其余两个一个为主动、一个为从动，可实现减速或增速（固定传动比），也可变换成两个输入、一个输出，组成差动传动，其原理如图 3-1-2 所示。

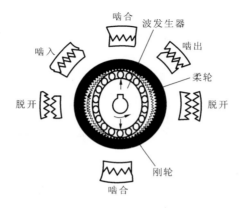

图 3-1-2　谐波减速器传动原理

当刚轮固定，波发生器为主动件，柔轮为从动件时：柔轮在椭圆凸轮作用下产生变形，在波发生器长轴两端处的柔轮轮齿与刚轮轮齿完全啮合；在短轴两端处的柔轮轮齿与刚轮轮齿完全脱开；在波发生器长轴与短轴的区间，柔轮轮齿与刚轮轮齿有的处于半啮合状态，称为啮入；有的则逐渐退出啮合，处于半脱开状态，称为啮出。由于波发生器的连续转动，使得啮入、完全啮合、啮出、完全脱开这四种情况依次变化，不断循环。由于柔轮比刚轮的齿数少 2，所以当波发生器转动一周时，柔轮向相反方向转过两个齿的角度，从而可实现大的减速比。

（三）谐波减速器的优、缺点

1. 优点

（1）结构简单，体积小，重量轻。

（2）传动比大，传动比范围广。单级谐波减速器传动比可在 50～300 之间，双级谐波减速器传动比可在 3000～60000 之间，复波谐波减速器传动比可在 100～140000 之间。

（3）由于同时啮合的齿数多，齿面相对滑动速度低，使其承载能力高，传动平稳且精度高，噪声低。

（4）谐波齿轮传动的回差较小，齿侧间隙可以调整，甚至可实现零侧隙传动。

（5）在采用如电磁波发生器或圆盘波发生器等结构时，可获得较小转动惯量。

（6）谐波齿轮传动还可以向密封空间传递运动和动力，采用密封柔轮谐波传动减速装置，可以驱动工作在高真空、有腐蚀性及其他有害介质空间的机构。

（7）传动效率较高，且在传动比很大的情况下，仍具有较高的效率。

2.缺点

（1）柔轮周期性变形，工作情况恶劣，从而易于发生疲劳损坏。

（2）柔轮和波发生器的制造难度较大，需要专门设备，给单件生产和维修造成困难。

（3）传动比的下限值高，齿数不能太少，当波发生器为主动件时，传动比一般不能小于35。

（4）启动力矩大。

（四）谐波减速器安装注意事项

（1）谐波减速器必须在足够清洁的环境下安装，安装过程中不能有任何异物进入减速器内部，以免使用过程中造成减速器的损坏。

（2）请确认减速器齿面及柔性轴承部分始终保持充分润滑。不建议齿面始终朝上使用，这样会影响润滑效果。

（3）安装凸轮后，请确认柔轮与刚轮啮合是180°对称的，如偏向一边会引起振动并使柔轮很快损坏。

（4）安装完成后请先低速（100 r/min）运行，如有异常振动或响声，请即停止，以避免因安装不正确造成减速器的损坏。

（五）谐波减速器安装规程

1.六轴谐波减速器安装规程

六轴谐波减速器的安装如图3-1-3所示。

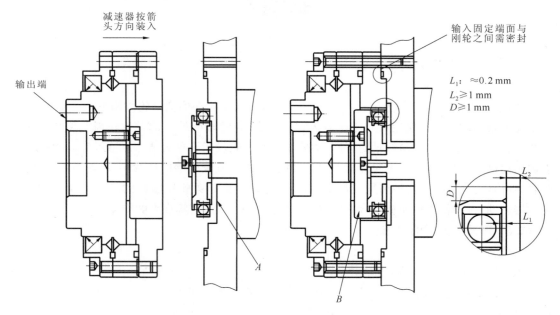

图 3-1-3　六轴谐波减速器安装

（1）在柔性轴承上均匀抹上润滑脂，在如图3-1-3所示的 A 处腔体内注满润滑脂（请使用指定的润滑油脂，勿随意更换油脂以免造成减速器的损坏）。将波发生器装在输入端电动机轴或连接轴上，用螺钉加平垫连接固定。

（2）先在柔轮内壁上均匀涂抹一层润滑脂，后将柔轮空间 B 处注入润滑脂，注入量大约为柔轮腔体的60%（请使用指定的润滑油脂，勿随意更换油脂以免造成减速器的损坏），将减速器按图3-1-3所示方向装入，装入时波发生器长轴对准减速器柔轮的长轴方向，到位后用对应的螺钉将减速器固定,螺钉的预紧力矩值为 0.5 N·m。

（3）将电动机转速设定在 100 r/min 左右,启动电动机,螺钉以十字交叉的方式锁紧,如图 3-1-4 所示,经 4～5 次均等递增至螺钉对应的锁紧力（螺钉对应锁紧力见表 3-1-1）。所有连接固定的螺钉性能等级须为 12.9 级并需涂上乐泰 243 螺纹胶,以防止螺钉失效或工作中松脱。

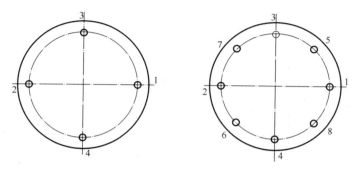

图 3-1-4　螺钉锁紧方式

表 3-1-1　推荐螺钉紧固力矩表（螺钉性能等级为 12.9 级）

螺纹公称直径/mm	力矩/N·m
3	2
4	4
5	9
6	15
8	35
10	70
12	125

（4）与减速器连接固定的安装平面加工要求:平面度 0.01 mm,与轴线垂直度 0.01 mm,螺纹孔或通孔与轴线同心度 0.1 mm。

注意:减速器使用时,如果在输出端始终水平朝下的情况下（不建议这样使用）,柔轮内壁空间注入的润滑脂需超过啮合齿面（即 A 和 B 空间须注满油脂）。请使用指定的润滑油脂,勿随意更换油脂以免造成减速器的损坏。减速器刚轮与输入端安装平面之间需采用静态密封,以保证减速器使用过程中油脂不会泄漏,避免减速器在少油或无油工作时损坏。

2. J4 轴、J5 轴的安装流程

J4 轴、J5 轴的安装如图 3-1-5 所示。

二、吊装作业

吊装作业如图 3-1-6 所示。

（一）吊装作业分级

吊装作业按吊装重物的质量分为三级:吊装重物的质量大于 80 t 时,为一级吊装作业;吊装重物的质量大于等于 40 t 至小于等于 80 t 时,为二级吊装作业;吊装重物的质量小于 40 t 时,为三级吊装作业。

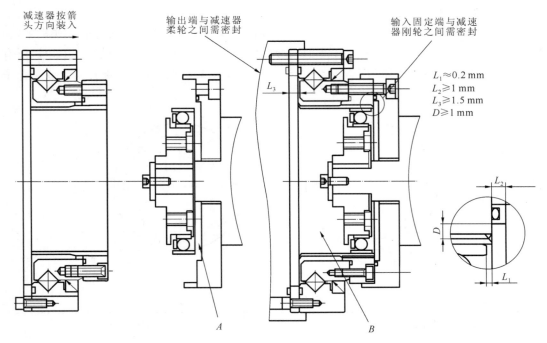

图 3-1-5 J4 轴、J5 轴谐波减速器安装

图 3-1-6 吊装作业

（二）吊装作业分类

吊装作业按吊装作业级别分为三类：一级吊装作业为大型吊装作业；二级吊装作业为中型吊装作业；三级吊装作业为一般吊装作业。

（三）吊装作业的安全要求

（1）吊装作业人员必须持有特殊工种作业证。吊装质量大于 10 t 的物体应办理吊装安全作业证。

（2）吊装质量大于等于 40 t 的物体和土建工程主体结构,应编制吊装施工方案。吊物虽不足 40 t,但形状复杂、刚度小、长径比大、精密、贵重、施工条件特殊的情况下,也应编制吊装施工方案。吊装施工方案经施工主管部门和安全技术部门审查,报主管厂长或总工程师批准后方可实施。

（3）各种吊装作业前,应预先在吊装现场设置安全警戒标志并设专人监护,非施工人员禁止入内。

（4）吊装作业中,夜间应有足够的照明,室外作业遇到大雪、暴雨、大雾及六级以上大风天气时,应停止作业。

（5）吊装作业人员必须戴安全帽,安全帽应符合 GB 2811—2011 的规定,高处作业时应遵守 HG 23014—1999 的规定。

（6）吊装作业前,应对起重吊装设备、钢丝绳、揽风绳、链条、吊钩等各种机具进行检查,必须保证安全可靠,不准带故障和隐患使用。

（7）吊装作业时,必须分工明确、坚守岗位,并按 GB 5082—1985 规定的联络信号,统一指挥。

（8）严禁利用管道、管架、电杆、机电设备等做吊装锚点。未经机动、建筑部门审查核算,不得将建筑物、构筑物作为锚点。

（9）吊装作业前必须对各种起重吊装机械的运行部位、安全装置以及吊具、索具进行详细的安全检查,吊装设备的安全装置应灵敏可靠。吊装前必须试吊,确认无误方可作业。

（10）任何人不得随同吊装重物或吊装机械升降。在特殊情况下,必须随之升降的,应采取可靠的安全措施,并经过现场指挥人员批准。

（11）吊装作业现场如需动火时,应遵守 HG 23011—1999 的规定。吊装作业现场的吊绳索、揽风绳、拖拉绳等应避免同带电线路接触,并保持安全距离。

（12）用定型起重吊装机械（履带吊车、轮胎吊车、桥式吊车等）进行吊装作业时,除遵守本守则外,还应遵守该定型机械的操作规程。

（13）吊装作业时,必须按规定负荷进行吊装,吊具、索具经计算选择使用,严禁超负荷运行。所吊重物接近或达到额定起重吊装能力时,应检查制动器,用低高度、短行程试吊后,再平稳吊起。

（14）悬吊重物下方严禁人员站立、通行和工作。

（15）在吊装作业中,有下列情况之一者不准吊装:

① 指挥信号不明;

② 超负荷或物体质量不明;

③ 斜拉重物;

④ 光线不足,看不清重物;

⑤ 重物下站人;

⑥ 重物埋在地下;

⑦ 重物紧固不牢,绳打结、绳不齐;

⑧ 棱刃物体没有衬垫措施;

⑨ 重物越人头;

⑩ 安全装置失灵。

（16）必须按吊装安全作业证上填报的内容进行作业，严禁涂改、转借吊装安全作业证，变更作业内容，扩大作业范围或转移作业部位。

（17）对吊装作业审批手续不全，安全措施不落实，作业环境不符合安全要求的，作业人员有权拒绝作业。

三、预制式力矩扳手

预制式力矩扳手如图 3-1-7 所示。

图 3-1-7　预制式力矩扳手

（一）特点

（1）具有预设力矩数值和声响装置。当紧固件的拧紧力矩达到预设数值时，能自动发出"咔嗒"声，同时伴有明显的手感振动，提示完成工作。解除作用力后，扳手各相关零件能自动复位。

（2）可切换两种方向。拨转棘轮转向开关，扳手可逆时针方向加力。

（3）米、英制双刻度线，手柄微分刻度线，读数清晰、准确。

（4）合金钢材料锻制，坚固耐用，寿命长。

（5）精确度符合 ISO6789—2003 规定。

（二）使用方法

（1）根据工件所需力矩值要求，确定预设力矩值。

（2）预设力矩值时，将扳手手柄上的锁定环下拉，同时转动手柄，调节标尺主刻度线和微分刻度线数值至所需力矩值。调节好后，松开锁定环，手柄自动锁定。

（3）在扳手方榫上装上相应规格套筒，并套住紧固件，再在手柄上缓慢用力。施加外力时必须按标明的箭头方向。当拧紧到发出信号"咔嗒"声（已达到预设力矩值）时，停止加力。一次作业完毕。

（4）大规格力矩扳手使用时，可外加接长套杆以便操作省力。

（5）如长期不用，调节标尺刻线退至力矩最小数值处。

四、六轴机器人基本结构概述

六轴机器人基本结构类似于人的手臂，共包含六个关节，含底座在内共七个机构。从底座向末端依次为底座、转座（肩）、大臂、电动机座（肘）、小臂、手腕和末端。共需六个伺服电动机和减速器来驱动六个关节运动，其中部分关节结构常用带传动解决电动机和减速器之间安装结构问题。六个关节共六个自由度，完全能够确定空间中任一点的位姿。J1 轴、J2 轴和 J3 轴确定机器人的位置，J4 轴、J5 轴和 J6 轴确定机器人的姿态。

常用的六轴机器人由 J4 轴、J5 轴、J6 轴组成的腕部结构一般分为三种形式，即 RBR 型、BBR 型和 3R 型，如图 3-1-8 所示。

三种腕部结构运用各不相同，常用的为 RBR 型，而喷涂行业一般采用 3R 型。本任务使用的华数 HSR-JR608 六轴机器人，其腕部结构为常用的 RBR 型。

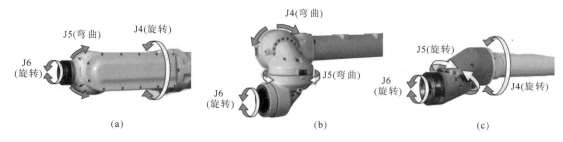

图 3-1-8　常用的六轴机器人 J4 轴、J5 轴、J6 轴组成的腕部结构形式

（a）RBR 型　（b）BBR 型　（c）3R 型

五、安全注意事项

（一）机器人整体运动演示安全事项

（1）在拆装前后进行机器人演示时，操作人员需经过简单培训方可进行。具体机器人控制操作可参考华数配套相关教程。

（2）在机器人运行演示过程中，所有人员均站在护栏外进行，以免发生碰撞事故。

（3）机器人设备运行过程中，即使在中途机器人看上去已经停止时，人员也应该站在护栏外，因为此时机器人也有可能正在等待启动信号，处在即将运动状态，所以此时也视为机器人正在运动。

（4）机器人演示运动时，运行速度尽量调低，确定末端运动轨迹正确时方可进一步增大运行速度。

（二）机器人拆装过程中安全事项

（1）拆装过程中，注意部件轻拿轻放。特别重的部件（如底座）应用悬臂吊吊装，注意吊装方式正确，检查吊装的固定方式是否稳定。

（2）测试机器人减速器时，应戴上防护眼镜，以防油脂飞溅到眼睛内。

（3）拆装过程中的所有工具和零件不得随意堆放，必须放在指定位置，以防工具或零件掉落伤人。

（4）桌面 A 和桌面 B 均只能放置机器人规定承重零件及拆装使用工具，严禁放置其他重物。

（三）悬臂吊使用安全事项

（1）启用悬臂吊时，应检查吊臂各部位零件有无不正常现象，螺丝有无松动等，特别要注意检查底座安装是否牢固。

（2）使用前需检查起吊钢丝绳是否有毛刺和断股等情况。

（3）悬臂吊极限负重 150 kg，除吊装本机器人以外，严禁吊装其他重物。

（4）在悬臂吊使用时，悬臂吊下严禁站人，以防不测。

（四）其他安全注意事项

（1）工作站内严禁奔跑，以防滑跌伤，严禁打闹。

（2）此套设备拆装必须在教师指导下完成，不得私自操作。

（3）在工作站内不得穿拖鞋或赤脚，需穿厚实的鞋子。

（4）不得挪动、拆除防护装置和安全设施。

（5）离开工作站时，关断电源。

任务实施

根据机械部分装配图，完成华数 HSR-JR608 六轴机器人机械部分的安装与调试。

一、按图样要求,备齐相关零部件和工具、量具

装配 J1 轴~J6 轴的相关零部件清单和工具、量具清单分别如表 3-1-2 至表 3-1-7 所示。

表 3-1-2　装配 J1 轴相关零部件清单及工具、量具清单表

零部件清单		
序号	名称	数量
1	底座	1
2	转座	1
3	减速器	1
4	电动机	1
5	盖板	1
6	螺钉	若干
工具、量具清单（由学生根据需要填写）		
序号	名称	数量
1	内六角扳手	1
2	力矩扳手	1
3		
4		
5		
6		
7		

表 3-1-3　装配 J2 轴相关零部件清单及工具、量具清单表

零部件清单		
序号	名称	数量
1	转座	1
2	大臂	1
3	减速器	1
4	电动机	1
5	盖板	1
6	螺钉	若干
7		
8		
9		
10		
工具、量具清单（由学生根据需要填写）		
序号	名称	数量
1	内六角扳手	1
2	力矩扳手	1
3		
4		
5		
6		
7		

表 3-1-4　装配 J3 轴相关零部件清单及工具、量具清单表

零部件清单（由学生根据需要填写）		
序号	名称	数量
1	大臂	1
2	电动机座	1
3	减速器	1
4	电动机	1
5	盖板	1
6	螺钉	若干
7		
8		
9		
10		
工具、量具清单（由学生根据需要填写）		
序号	名称	数量
1	内六角扳手	1
2	力矩扳手	1
3		
4		
5		

表 3-1-5　装配 J4 轴相关零部件清单及工具、量具清单表

零部件清单（由学生根据需要填写）		
序号	名称	数量
1		
2		
3		
4		
5		
6		
7		
8		
9		
10		
工具、量具清单（由学生根据需要填写）		
序号	名称	数量
1		
2		
3		
4		
5		
6		

表 3-1-6　装配 J5 轴相关零部件清单及工具、量具清单表

零部件清单（由学生根据需要填写）		
序号	名称	数量
1		
2		
3		
4		
5		
6		
7		
8		
9		
10		
工具、量具清单（由学生根据需要填写）		
序号	名称	数量
1		
2		
3		
4		
5		
6		

表 3-1-7　装配 J6 轴相关零部件清单及工具、量具清单表

零部件清单（由学生根据需要填写）		
序号	名称	数量
1		
2		
3		
4		
5		
6		
7		
8		
9		
10		
工具、量具清单（由学生根据需要填写）		
序号	名称	数量
1		
2		
3		

二、机器人本体模块化装配基本步骤与方法

机器人本体模块化装配课程是在整体拆卸完成后,基于散件装配而完成的课程。其主要目的是把整个机器人本体系统模块化为三个部分,分别详细实训学习,同时对各个轴的电动机及减速器进行演示教学。分三个模块具体说明,其基本步骤如下。

(一)J1 轴、J2 轴模块装配基本步骤与方法

1.J1 轴装配基本步骤与方法

(1)把 J1 轴减速器通过 M8 螺钉(12.9 级)固定在转座上,如图 3-1-9 所示。先等边三角形插入螺钉,通过力矩扳手等边三角形将螺钉拧紧,力矩值为(37.2±1.86)N·m。

注意:① 减速器上的密封圈勿忘记套上;

② 拆装减速器的时候,使用专用一次性手套。

(2)将传动轴套入减速器中,用手转动减速器,检查减速器是否能转动。

(3)在 A 处圆形区域内均匀地涂抹密封胶,如图 3-1-10 所示。

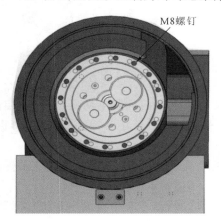

图 3-1-9　J1 轴减速器装配

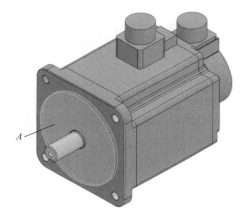

图 3-1-10　电动机涂抹密封胶

(4)在装配桌 A 上,把 J1 轴的减速器传动轴安装在相对应的伺服电动机上,把装配好的伺服电动机安装在转座上,先通过预紧螺丝,用对角力矩扳手锁紧。

(5)把 J1 轴伺服电动机的电源线和编码器线分别接通,打开电源,通过示教器先低速测试减速器是否能够转动。

注意:① 转动应顺畅,无卡滞现象、无抖动现象;

② 断电后再连接编码器线和电源线。

(6)通过听诊器检查减速器的声音是否带有"咔咔"的声音,若有明显的声音,应立即暂停转动减速器,关掉电源,检查装配过程的问题。

(7)如果装配无问题,即可进行 J1 轴简单运动演示,至此完成 J1 轴电动机和减速器装配工作。

注意事项:

① 装配过程中注意安全;

② 装配过程中应保持零件干净,零件表面无杂质;

③ 减速器严禁强力敲打及碰撞;

④ 上密封圈时严禁强力拉扯及划伤密封圈。

2.J2轴装配基本步骤与方法

（1）把J2轴减速器输出轴通过M8螺钉（12.9级）固定在转座上，如图3-1-11所示，先呈等边三角形插入螺钉，通过力矩扳手呈等边三角形拧紧螺钉，力矩值为(37.2±1.86)N·m。

（2）将传动轴套入减速器中用手转动减速器，检查减速器是否能转动。

（3）在A处圆形区域中均匀地涂抹密封胶，如图3-1-12所示。

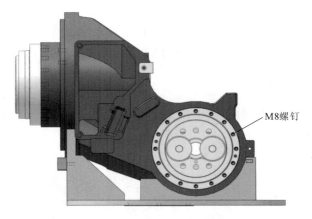

图3-1-11　J2轴减速器安装

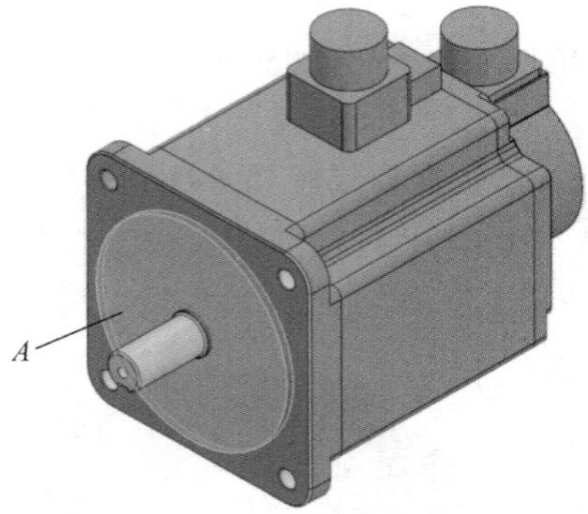

图3-1-12　电动机涂抹密封胶

（4）在装配桌A中，把J2轴的减速器转动轴安装在相对应的伺服电动机上，把装配好的伺服电动机安装在转座上，先通过预紧螺钉预紧，再用对角力矩扳手锁紧电动机，如图3-1-13所示。

（5）把J2轴伺服电动机的电源线和编码器线分别接通，打开电源，控制示教器先低速测试减速器是否能够转动，能够转动即可进行下一步工作，不能转动则检查装配情况。

（6）通过听诊器检查减速器的声音是否带有"咔咔"的声音，若有明显的声音，应立即暂停减速器转动，关掉电源，检查装配情况。

（7）在减速器上对角方向拧进定位销，把底座放到微调机构上，调整好底座的位置，让底座的固定孔与减速器轴端安装孔同轴心，如图3-1-14所示。

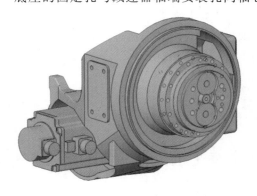

图3-1-13　电动机转座

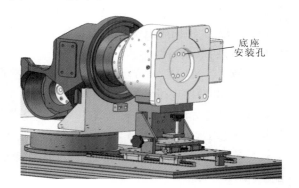

图3-1-14　底座及转座调整

（8）先对角方向预紧螺钉，再通过力矩扳手将其拧紧，力矩值为(204.8±10.2)N·m。

（9）把装好的组合体，通过悬臂吊至机器人安装位置上，固定好螺钉。连接好编码器和电源线，接通电源，测试J2轴减速器与底座安装是否正确。吊装悬臂吊吊运方式：从底座穿出吊运带，用卸扣把吊运带和吊运环连接起来。

吊运注意事项:插销一定要拧紧;吊运带不能够套在工装上面,不能让工装从滑块上滑出。

(10)通过听诊器检查减速器的声音是否带有"咔咔"的声音,若有明显的声音,应立即暂停减速器转动,关掉电源,检查装配过程的问题。

注意事项:

① 装配过程中注意安全;

② 装配过程中应保持零件干净,零件表面无杂质;

③ 减速器严禁强力敲打及碰撞;

④ 上密封圈时严禁强力拉扯及划伤密封圈。

(二)J3 轴、J4 轴模块装配基本步骤与方法

1.J3 轴装配基本步骤与方法

J3 轴的装配如图 3-1-15 所示。

(1)把 J3 轴电动机座放到装配桌 B 中的 J3-J4 轴装配台上,通过 M8 螺钉把转座固定在装配台上。

(2)把 J3 轴减速器输出轴通过 M8 螺钉(12.9 级)固定在电动机转座上,先插入螺钉,通过力矩扳手十字方向交叉将螺钉拧紧,力矩值为(37.2±1.86)N·m。

(3)用手转动 J3 轴减速器,检查减速器是否转动。

(4)在装配桌 B 上,把 J3 轴的减速器转动轴安装在相对应的伺服电动机上,把装配好的伺服电动机安装在转座上,先通过预紧螺钉,对角将电动机锁紧。

(5)把 J3 轴伺服电动机的电源线和编码器线分别接通,接通电源,打开示教器,控制示教器低速测试减速器是否能够转动。

(6)通过听诊器检查减速器的声音是否带有"咔咔"的声音,若有明显的声音,应立即暂停减速器转动,关掉电源,检查装配情况。

(7)若无减速器转动杂音,即完成 J3 轴的装配任务。

2.J4 轴装配基本步骤与方法

(1)取出 J4 轴减速器,把 J4 轴大带轮通过 M3 螺钉安装在 J4 轴减速器上,如图 3-1-16 所示。

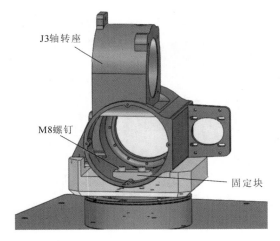

图 3-1-15　J3 轴装配

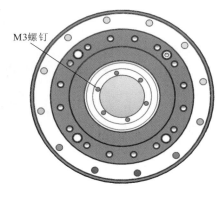

图 3-1-16　轴减速器带轮安装

（2）把谐波减速器连接法兰通过 M5 螺钉（12.9 级）固定在转座上，先预紧螺钉，再顺时针方向间隔拧紧螺钉，然后顺时针方向拧紧剩余螺钉（见图 3-1-17、图 3-1-18），通过力矩扳手等边三角形拧紧，力矩值为 9 N·m。

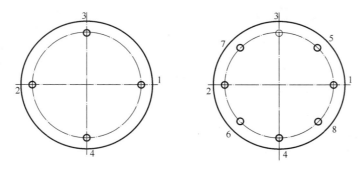

图 3-1-17　螺钉锁紧方式

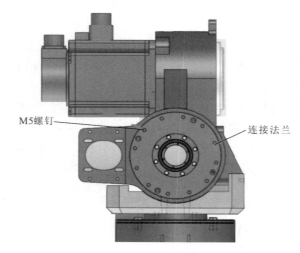

图 3-1-18　J4 轴减传动速器安装

（3）电气控制柜预先给 J4 轴电动机上好传动带，把 J4 轴电动机板与电动机固定在 J4 轴转座上，预紧螺钉。在传动带静止状态下（安装在带轮上），用手压张紧侧，若传动带下沉在 20～30 mm 范围内，说明传动带松紧度合适，最后拧紧螺钉。如图 3-1-19 所示。

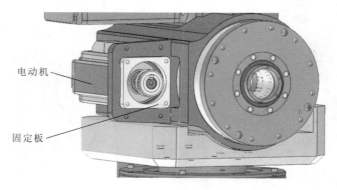

图 3-1-19　J4 轴电动机安装

（4）把 J4 轴电动机的电源线和编码器线分别接通，先低速测试减速器的是否能够转动。

（5）通过听诊器检查减速器的声音是否带有"咔咔"的声音,若有明显的声音,则立即暂停减速器,关掉电源,检查装配过程的问题。

（6）若无减速器转动杂音,即完成J4轴的装配任务。

（三）J5-J6轴装配体装配基本步骤与方法

（1）用M5螺钉把小臂固定在J5-J6轴安装盘中,如图3-1-20所示。

（2）把轴承(61812)压入手腕体轴承孔中,如图3-1-21所示。注意严禁强力敲打内圈;装内圈轴时严禁强力敲打轴承外圈。

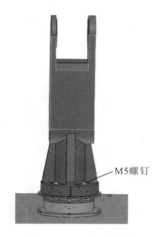

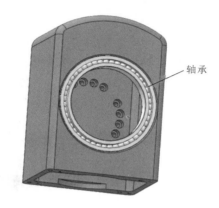

图 3-1-20　小臂安装　　　　　　　　　　图 3-1-21　手腕轴承安装

（3）在J5轴减速器组合中,均匀涂抹密封胶,注意不要涂抹到波发生器的轴上,以防密封胶进入轴承中,这样容易让减速器损坏。如图3-1-22所示。

（4）把手腕放入小臂中,把减速器组合压入小臂的轴承孔里面,如图3-1-23所示。

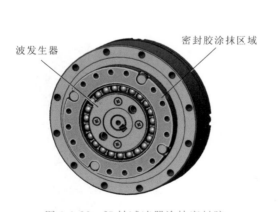

图 3-1-22　J5轴减速器涂抹密封胶　　　　图 3-1-23　手腕放入小臂

（5）先预紧 M3 螺钉,通过力矩扳手沿对角线方向拧紧螺钉,力矩值为 2 N·m,如图3-1-24所示。

（6）压入J5轴支承套,预紧 M4 螺钉,通过力矩扳手对角线方向拧紧螺钉,力矩值为 4 N·m,如图3-1-25所示。轻轻扳动手腕体连接体,检查减速器是否带有杂音。若有明显的声音,则立即暂停减速器,检查装配情况。

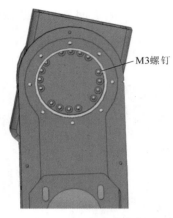

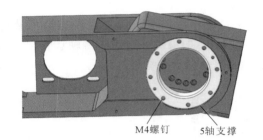

图 3-1-24 手腕体拧紧   图 3-1-25 装入轴承套

（7）把 J5 轴电动机板放到小臂的安装孔内，背面用 M4 螺钉预紧 J5 轴电动机板，在两带轮间安装传动带，如图 3-1-26 所示。（传动带松紧方法：首先检查传动带的张力，这时可以用拇指，强力地按压两个传动带轮中间的传动带，压力约为 100 N。如传动带的压下量在 10 mm 左右，则认为传动带的张力恰好合适；如果压下量过大，则认为传动带的张力不足；如果传动带几乎不出现压下量，则认为传动带的张力过大。传动带安装不正确时，易发生各种传动故障，具体表现为：张力不足时，传动带容易出现打滑；张力过大时，容易损伤各种辅机的轴承。为此，应该把相关的调整螺母或螺钉拧松，把传动带的张力调整到最佳的状态。如果是新传动带，可认为其压下量在 7～8 mm 时，传动带张力恰好合适。）

（8）把 J5 轴伺服电动机的电源线和编码器线分别接通，低速测试减速器是否能够转动。注意转动过程应顺畅、无振动现象。

（9）通过听诊器检查减速器的声音是否带有杂音，若有明显的声音，请立即暂停减速器，关掉电源，检查装配过程的问题。

（10）取 J6 轴电动机组合体，安装在手腕体中，拧入 M4 螺钉且预紧，对角线方向通过力矩扳手锁紧，力矩值为 4 N·m。如图 3-1-27 所示。

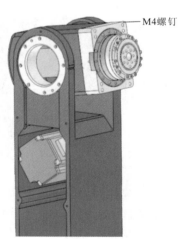

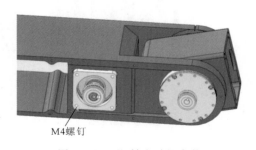

图 3-1-26 J5 轴电动机安装   图 3-1-27 J6 轴电动机组合安装

（11）把 J6 轴伺服电动机的电源线和编码器线分别接通，先低速测试减速器是否能够转动。

（12）通过听诊器检查减速器的声音是否带有杂音,若有明显的声音,请立即暂停减速器,关掉电源,检查装配过程的问题。若无装配问题,则完成J5-J6轴装配体的装配任务。

三、机器人本体整体装配基本步骤与方法

整体装配的过程基本是整体拆卸过程的逆过程,装配的总体过程是从底座依次装配至末端的。具体步骤方法如下。

（1）在装配桌A上完成J1轴、J2轴装配。再用悬臂吊调J1-J2轴装配体至机器人的安装位置,预紧M12螺钉,对角线方向用力矩扳手锁紧,力矩值为204.8 N·m,完成J1-J2轴装配体的装配,如图3-1-28所示。

（2）进行机器人大臂安装工作。一人把大臂对准J2轴减速器的轴端安装孔位,同时另一人先预紧减速器的螺钉。采用对角线方向锁紧力矩扳手锁紧方式,力矩值为(128.4±6.37)N·m。通过解除电源抱闸线,转动大臂,要求转动顺畅无卡滞现象,减速器声音正常,无异常声音,即完成机器人大臂的装配工作。如图3-1-29所示。

（3）把J3轴电动机、J3轴减速器均安装在J3轴电动机座上。

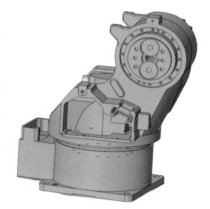

图3-1-28   J1-J2轴装配体装配

（4）将J3轴减速器输出轴孔与大臂的连接法兰的轴孔对齐,拧入螺钉,预紧,对角线方向力矩扳手拧紧,力矩值为(37.2±1.86)N·m,完成J3-J4轴装配体电动机座初步的装配工作。

图3-1-29   大臂安装

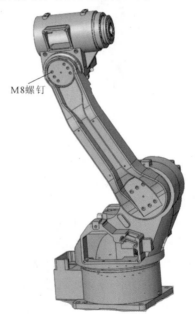

图3-1-30   J3-J4轴装配

（5）在安装好电动机转座以后,在本体上面安装J4轴减速器、J4轴电动机组合。完成后的J3-J4轴如图3-1-30所示。

（6）在J5轴、J6轴装配好后,将J5-J6轴装配体平放在桌面B上,随后把J4轴减速器内套(见图3-1-31)固定在J5-J6轴装配体上。在装配桌B上完成J5-J6轴装配体的装配任务。

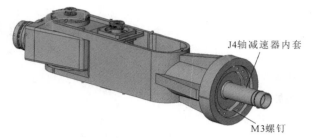

图 3-1-31　J4 轴减速器内套装配

（7）把 J4 轴减速器外套套在 J4 轴减速器上,随后把装配好的 J5-J6 轴装配体安装在 J4 轴减速器轴孔中,预紧 M5 螺钉,对角线方向力矩扳手拧紧,力矩值为(9.01±0.49)N·m。完成 J5-J6 轴装配体安装在整机上的工作任务,如图 3-1-32 所示。

（8）将 61807 轴承压入 J4 轴减速器内套,用卡簧钳将挡圈卡入槽内,如图 3-1-33 所示。

图 3-1-32　J5-J6 轴装配

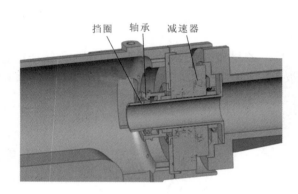

图 3-1-33　J4 轴减速器轴承安装

（9）连接机器人全部的电源线和编码器线,进行整机实验,检查减速器是否存在异响、转动是否顺畅。如有异响或者晃动过大,则立刻停止试机。

（10）在跑机测试中,如果没有问题,装配好剩余所有的零件,打扫场地,完成六轴机器人的整机装配工作。

（11）减速器加油。J4 轴、J5 轴、J6 轴减速器没有拆卸,并且自带润滑脂,不需要加入润滑脂,只需要在减速器中加入足够的油脂。

① 在黄油枪中加入 Nabtesco 减速器专用润滑脂,打开 J1 轴注油口和出油口螺钉孔,在 J1 轴注油孔中,注入 400 mL 润滑脂后,在螺钉上缠绕合适的生料带,将其拧入螺孔。

② 清理机器人上滴落的润滑脂。

③ J2 轴减速器、J3 轴减速器同样加入润滑脂,J2 轴加入量为 400 mL,J3 轴加入量为 360 mL。

四、注意事项及检测结果

（一）J1 轴安装

1.装配步骤及注意事项

J1 轴的装配表如表 3-1-8 所示。

表 3-1-8 J1 轴装配表

步骤	装配内容	配合及连接方法	装配要求
1	J1 轴减速器安装在底座上	螺钉连接	同轴度 $\phi0.01$ mm
2	J1 轴伺服电动机与 J1 轴减速器装配	间隙孔轴配合	同轴度 $\phi0.01$ mm
3	J1 轴伺服电动机安装在转座上	螺钉连接	灵活转动

2.检测

J1 轴的检测表如表 3-1-9 所示。

表 3-1-9 J1 轴检测表

步骤	检测内容	检测要点	检测结果	装配体会
1	J1 轴减速器安装在底座上	同轴度		
2	J1 轴伺服电动机与 J1 轴减速器装配	同轴度		
3	J1 轴伺服电动机安装在转座上	灵活转动		

（二）J2 轴的安装

1.装配步骤及注意事项

J2 轴的装配表如表 3-1-10 所示。

表 3-1-10 J2 轴装配表

步骤	装配内容	配合及连接方法	注意事项
1	J2 轴减速器安装在对应转座上	螺钉连接	同轴度 $\phi0.01$ mm
2	J2 轴伺服电动机与 J2 轴减速器装配	间隙配合	同轴度 $\phi0.01$ mm
3	伺服电动机安装在对应转座上	螺钉连接	灵活转动

2.检测

J2 轴的检测表如表 3-1-11 所示。

表 3-1-11 J2 轴检测表

步骤	检测内容	检测要点	检测结果	装配体会
1	J2 轴减速器安装在底座上	同轴度		
2	J2 轴伺服电动机与 J2 轴减速器装配	同轴度		
3	J2 轴伺服电动机安装在对应转座上	灵活转动		

（三）J3 轴的安装

1.装配步骤及注意事项

J3 轴的装配表如表 3-1-12 所示。

表 3-1-12 J3 轴装配表

步骤	装配内容	配合及连接方法	注意事项
1	J3 轴减速器安装在对应转座上	螺钉连接	同轴度 $\phi0.01$ mm
2	J3 轴伺服电动机与 J3 轴减速器装配	间隙配合	同轴度 $\phi0.01$ mm
3	伺服电动机安装在对应转座上	螺钉连接	灵活转动

2.检测

J3 轴的检测表如表 3-1-13 所示。

表 3-1-13　J3 轴检测表

步骤	检测内容	检测要点	检测结果	装配体会
1	J3 轴减速器安装在底座上	同轴度		
2	J3 轴伺服电动机与 J3 轴减速器装配	同轴度		
3	J3 轴伺服电动机安装在对应转座上	灵活转动		

（四）J4 轴的安装

1.装配步骤及注意事项

J4 轴的装配表如表 3-1-14 所示。

表 3-1-14　J4 轴装配表

步骤	装配内容	配合及连接方法	注意事项
1	J4 轴大带轮安装在 J4 轴减速器上	螺钉连接	连接牢固
2	J4 轴减速器连接法兰固定在转座上	螺钉连接	连接牢固
3	J4 轴电动机板(上好传动带)与电动机固定在 3 轴转座上	螺钉连接	连接牢固

2.检测

J4 轴的检测表如表 3-1-15 所示。

表 3-1-15　J4 轴检测表

步骤	检测内容	检测要点	检测结果	装配体会
1	J4 轴大带轮安装在 J4 轴减速器上	连接是否牢固可靠		
2	J4 轴减速器连接法兰固定在转座上	连接是否牢固可靠		
3	J4 轴电动机板(上好传动带)与电动机固定在 J3 轴转座上	连接是否牢固可靠		

（五）J5 轴、J6 轴的安装

1.装配步骤及注意事项

J5 轴、J6 轴的装配表如表 3-1-16 所示。

表 3-1-16　J5、J6 轴装配表

步骤	装配内容	配合及连接方法	注意事项
1	手腕轴承安装	过盈配合	严禁强力敲打
2	手腕与手臂连接	螺钉	灵活转动
3	安装传动带	带轮连接	带张力适中
4	J6 轴电动机组合安装到手腕体上	螺钉	

2.检测

J5 轴、J6 轴检测表如表 3-1-17 所示。

表 3-1-17 J5、J6 轴检测表

步骤	检测内容	检测要点	检测结果	装配体会
1	手腕轴承安装	灵活转动		
2	手腕与手臂连接	灵活转动		
3	安装传动带	压力约为 100 N,压下量在 10 mm 左右		
4	J6 轴电动机组合安装到手腕体上	灵活转动		

展示评估

任务一评估表

基本素养(20 分)				
序号	评估内容	自评	互评	师评
1	纪律(无迟到、早退、旷课)(10 分)			
2	参与度、团队协作能力、沟通交流能力(5 分)			
3	安全规范操作(5 分)			
理论知识(20 分)				
序号	评估内容	自评	互评	师评
1	机器人吊装相关知识掌握(10 分)			
2	谐波减速器相关知识掌握(10 分)			
技能操作(60 分)				
序号	评估内容	自评	互评	师评
1	零部件、工量具准备(5 分)			
2	J1 轴装配(5 分)			
3	J2 轴装配(5 分)			
4	J3 轴装配(5 分)			
5	J4 轴装配(5 分)			
6	J5 轴装配(5 分)			
7	J6 轴装配(5 分)			
8	执行机构安装(10 分)			
9	机械部分总装(15 分)			
	综合评价			

思考与练习

1．简述谐波减速器传动原理。

2．谐波减速器优、缺点有哪些？

3．吊装作业按吊装作业级别可分为哪三类？

任务二 六轴机器人的电气系统的装配与调试

知识目标

● 掌握元件安装工艺的相关知识。

● 掌握配线相关知识。

技能目标

● 能完成伺服电动机参数设置。

● 能完成 PLC 程序的安装。

● 会使用工业机器人示教器。

知识准备

专用操作器及换接器

根据夹持对象的不同，末端执行器结构会有差异，通常一个机器人配有多个手爪装置或工具，因此要求手部与手腕处的接头具有通用性和互换性。另外，由于末端执行器的驱动方式不同，可能还有一些电、气、液的接口，对这些部件的接口同样要求具有互换性。

任务实施

根据电气系统接线图，完成华数 HSR-JR608 机器人电气部分的安装与调试。

一、备齐相关工具和相关材料

（一）装配使用的相关工具

在装配过程中，使用的相关工具包括：大号十字旋具、中号十字旋具，小号一字旋具、剥线钳、斜口钳、万用表、内六角扳手、呆扳手、$\phi 2.5$ 钻头、$\phi 3.2$ 钻头、$\phi 4.2$ 钻头、M3 丝锥、M4 丝锥、丝锥铰杠、粗齿锉一套、手电钻等。

（二）装配材料清单

装配材料清单如表 3-2-1 所示。本清单是实际装配过程中所需要的绝大部分清单，还有部分元件未列在表中，要求学生根据连线图补全。

表 3-2-1　装配材料清单

序号	品　　名	规 格 型 号	单位	数量
1	伺服驱动器	HSV-160U-0_0	个	10
2	IPC 控制器及配件		套	2

序号	品　名	规格型号	单位	数量
3	手操器及其配件		套	2
4	总线式 I/O 单元 6 槽底板	HIO-1006	个	2
5	总线式 I/O 单元 NCUC 通信模块	HIO-1061	个	2
6	总线式 I/O 单元 NPN 输出模块（16 位）	HIO-1021N	个	4
7	总线式 I/O 单元 NPN 输入模块（16 位）	HIO-1011N	个	4
8	干式隔离变压器	输入 380 V,输出 220 V,功率 4 kV·A	个	2
9	开关电源	NES-100-24	个	4
10	数控装置电源电缆　0.6 m	HCB-0008-1000-000.6	根	2
11	总线电缆　0.4 m	HCB-0000-2102-000.4	根	10
12	总线电缆　1 m	HCB-0000-2102-001	根	4
13	J1/J2 轴电动机编码线　8 m（GK6031-8AF31-J29B）	HCB-9160-0021-8DB	根	8
14	J3/J4 轴电动机编码线　10 m（GK60258AF31-J29B）	HCB-9160-0021-10DB（10 m）	根	8
15	J5 轴电动机编码线　12 m（TS4607N2190E200）	电动机编码器线　12 m（TS4607N2190E200）	根	2
16	J1/J2/J3/J4 轴电动机抱闸线　10 m	HCB-9160-4000-10CD	根	8
17	J1/J2/J3/J4/J5 轴高柔性电动机动力线（拖链专用线）	4G1.5 屏蔽,20 m	m	60
18	信号线和 J5 轴一起埋线	CF240 PUR 03.04 (14 芯 0.34 屏蔽)	m	30
19	电气控制柜	600 mm×400 mm×1000 mm	个	1
20	电气控制柜风扇	轴流风扇/KA12038HAZ（S＋FU9803A）	套	2
21	风机网罩	风机罩体/S＋FU9803A	套	4
22	柜内灯	灯泡/柜内灯/T4-16W	套	2
23	柜门内开关	微动开关/AZ7311/柜门内开关	套	2
24	电源指示灯	XB2BVB1LC（带底座）24V 白色	套	2
25	红色警示灯	XB2BVB4LC（带底座）24V 红色	套	2
26	急停按钮	ZB2BS54C 红色（带底座）	套	2
27	面板电源开关	旋转开关/LW39-16A/APT 西门子/YS-9AC-04,A70	套	2
28	3P32A 空气开关	C65N-C32/3P	套	4
29	三相维修插座	AC3P-16A/三相维修插座	套	2
30	继电器	RXM2LB2BD 带指示灯 24VDC（带底座）	套	40
31	交流接触器（DC24V）	交流接触器/LC1DT40BDC	套	2
32	磁性开关	SMC D-Z73	个	20
33	单向电磁阀	SY3120-1GZD-M5	个	12
34	双向电磁阀	SY3120-2LOZD-C6	个	8
35	电磁气缸	CDUK6-30D	个	20
36	空气过滤器	SMC AW2000-01	个	若干
37	气动接头	KQ2U06-00	个	若干
38	信号线接线端子	UKJ-2.5	个	250

序号	品　　名	规 格 型 号	单位	数量
39	电源接线端子	UKJ-6	个	8
40	地线接线端子	UKJ-6GD	个	2
41	接线端子附件	端板 UKJ-G(DUK)	个	20
42	接线端子附件	终端固定件 UKJ-2G2	个	20
43	接线端子附件	端子标记夹 UKJ-BJ	个	10
44	接线端子附件	快速标记条 UZB 5-10 横	条	8
45	接线端子附件	快速标记条 UZB 5-10 横	条	6
46	接线端子附件	快速标记条 UZB 5-10 横	条	6
47	接线端子附件	快速标记条 UZB 5-10 横	条	4
48	接线端子附件	快速标记条 UZB 5-10 横	条	4
49	接线端子附件	快速标记条 UZB 8-10 横	条	4
50	接线端子附件	固定式桥接件 10 位 UFBI 10-5	条	10
51	线槽	UXC1 50×30(H×W)	m	15
52	标准导轨	35 mm	m	8
53	耐磨编制管	723025-8(黑色)	m	4
54	波纹管接头	电缆连接头/MB-10BF/波纹管接头	个	4
55	F08 防水尼龙软管	PB-10/波纹管	m	20
56	线缆固定头	PF-21K	个	4
57	线缆固定头	PF-33	个	4
58	扎线带	扎带/GT-150M	包	2
59	扎线带	扎带/GT-250M	包	2
60	扎线带	扎带/GT-350M	包	2
61	G11 自由绝缘保护套	YG-20	m	1
62	黏块	WB-101	包	4
63	缠绕管	卷式结束带/YS-12	m	4
64	欧式冷压端子	C0.5-10-橘	包	2
65	欧式冷压端子	C0.75-10-蓝	包	6
66	欧式冷压端子	C1.0-10-红	包	4
67	欧式冷压端子	C1.5-10-黑	包	4
68	Y 形开口压接端子	V1.25-S3Y	包	2
69	Y 形开口压接端子	V1.25-4Y	包	2
70	Y 形开口压接端子	V2-4Y	包	2
71	对接压接端子	0.5M/F(公/母)	包	2
72	线缆-黑	单芯信号线/RBV -0.75/黑	m	200
73	线缆-黑	单芯信号线/RBV -0.5/黑	m	100
74	信号线	RVV 15×0.75 mm²	m	26
75	动力电缆	BVR 4 mm² 黑色	m	50
76	动力电缆	BVR 2.5 mm² 黑色	m	50
77	动力电缆	BVR 1.5 mm² 黑色	m	50
78	电气控制柜与本体连接动力电缆	RVV 4×2.5 mm²	m	50

序号	品　　名	规 格 型 号	单位	数量
79	继电器端子用线	BVR 1.0 mm² 黑色	m	100
80	工业水晶头	工业水晶头	个	4
81	号码管	ϕ1.0 mm(0.5 mm² 信号线用)	卷	2
82	号码管	ϕ1.5 mm(0.75 mm² 信号线用)	卷	2
83	标签纸	线号机用打印标签纸(黄色)	卷	2
84	坦克链	内腔 宽 25 mm×高 30 mm	m	2
85	重载连接器(测出线单扣)带接头	HDD-040-F/M H16B-SEH-2B-PG29 H16B-BK-1L-MCV-T	套	2
86	重载连接器(后出线双扣)带接头	HDD-040-F/M H16B-TEH-4B-PG29 H16B-BK-2L-T	套	2
87				
88				
89				
90				
91				
92				
93				
94				
95				
96				
97				
98				
99				
100				

二、电气控制柜线路安装

第一步　根据电气控制柜电气布置图进行元件布置,布局图与圆柱坐标机器人相似。

第二步　根据强电回路控制接线图接线,如图 3-2-1、图 3-2-2 所示。

第三步　根据 PLC 的输入回路接线图接线,如图 3-2-3、图 3-2-4 所示。

第四步　根据 PLC 的输出回路接线图接线,如图 3-2-5、图 3-2-6 所示。

第五步　根据 NCUC 线缆接线图接线,如图 3-2-7 所示。

第六步　根据接线端子排接线图接线,如图 3-2-8 所示。

第七步　根据示教器接线图接线,如图 3-2-9 所示。

第八步　根据信号线缆接线图接线,如图 3-2-10 所示。

第九步　根据动力线缆接线图接线,如图 3-2-11 所示。

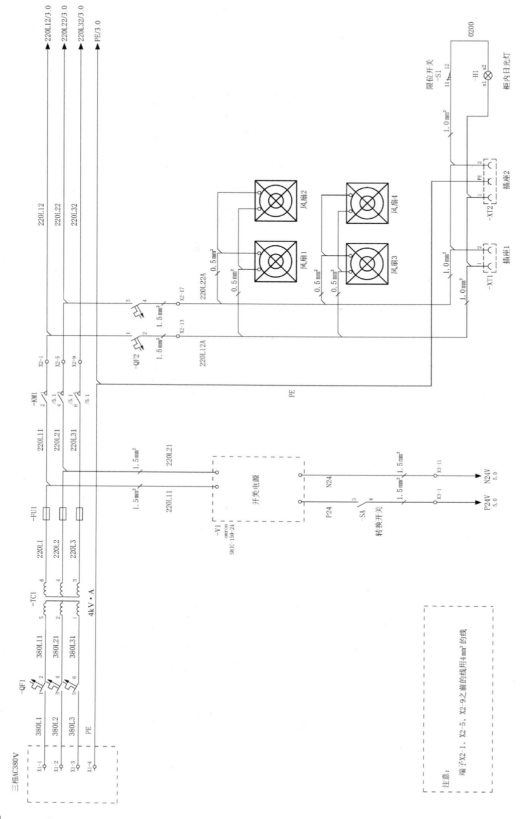

图3-2-1 强电回路控制接线图I

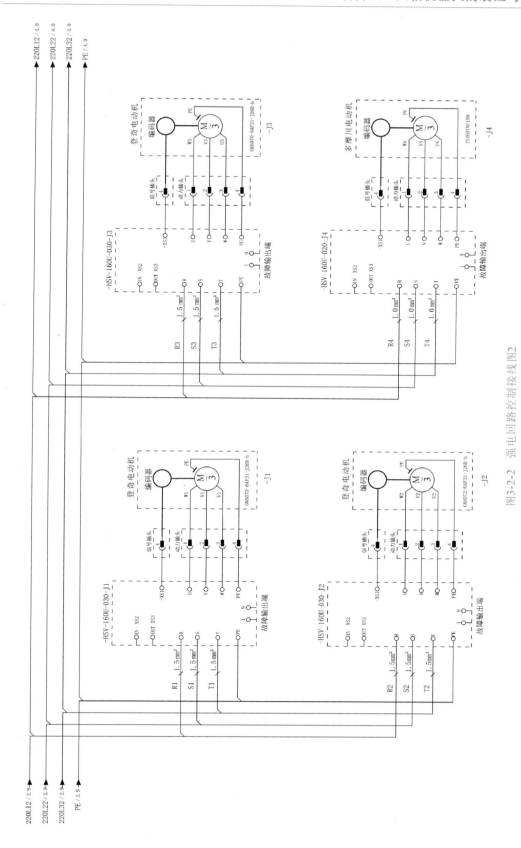

图3-2-2　强电回路控制接线图2

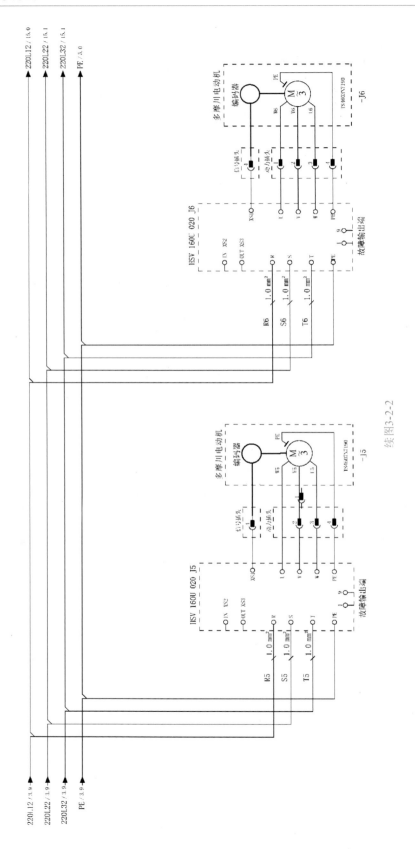

续图3-2-2

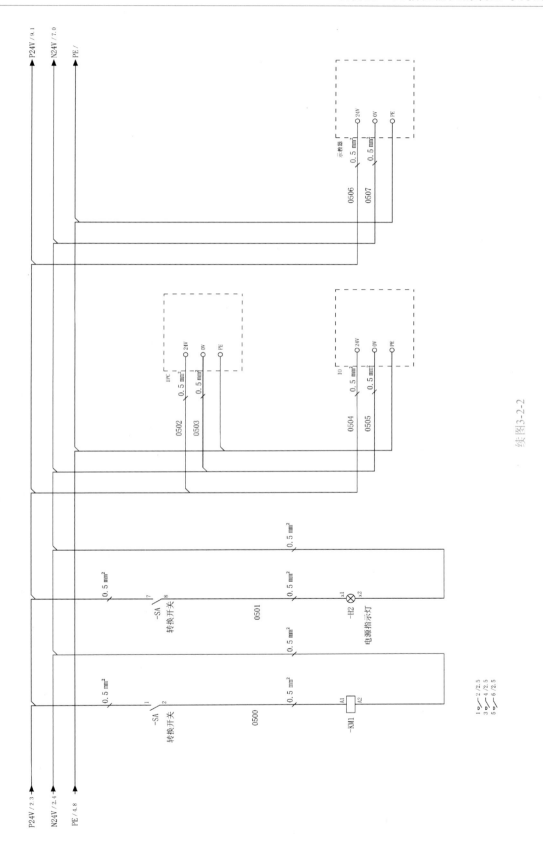

续图3-2-2

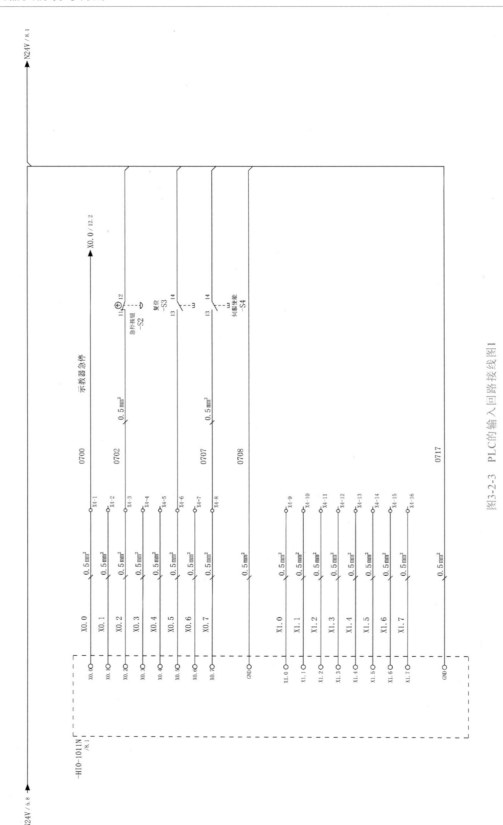

图3-2-3　PLC的输入回路接线图1

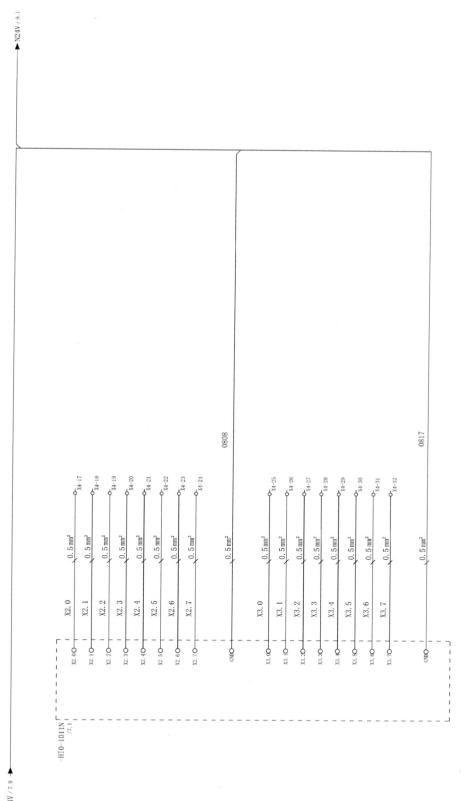

续图3-2-3

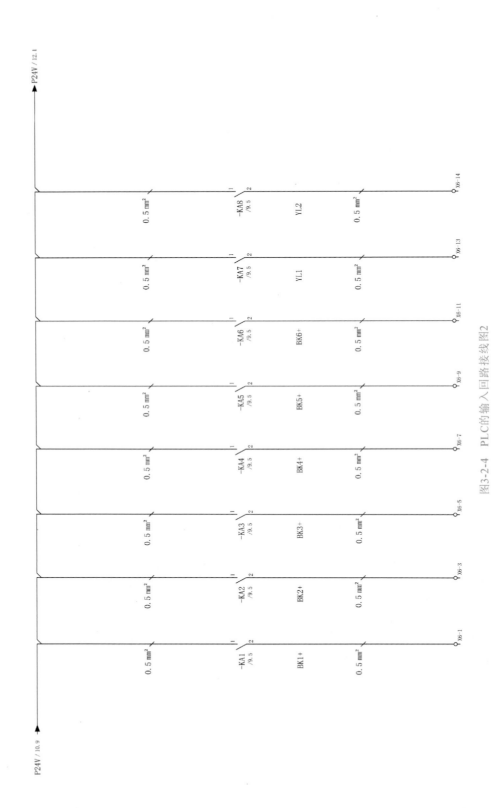

图3-2-4 PLC的输入回路接线图2

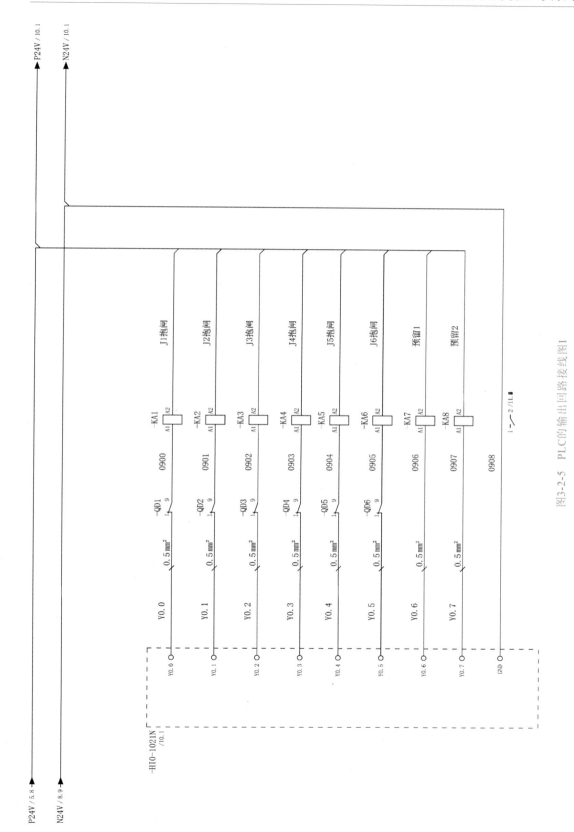

图3-2-5 PLC的输出回路接线图1

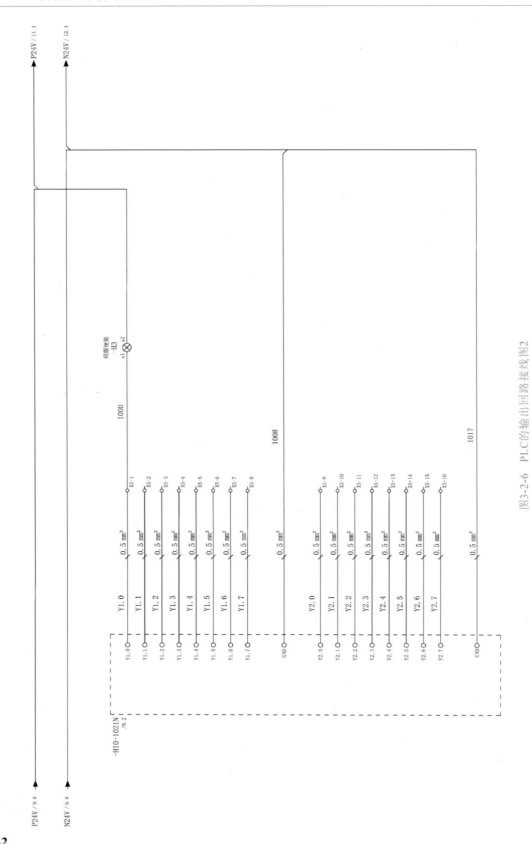

图3-2-6　PLC的输出回路接线图2

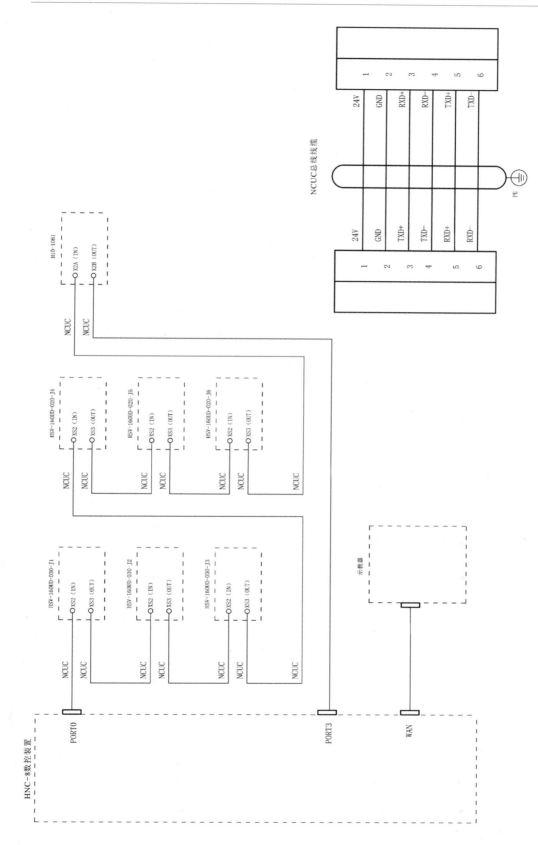

图3-2-7 NCUC线缆接线图

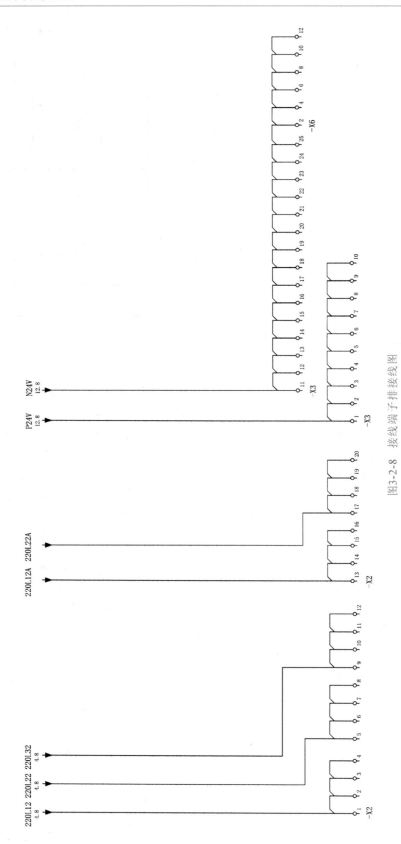

图3-2-8　接线端子排接线图

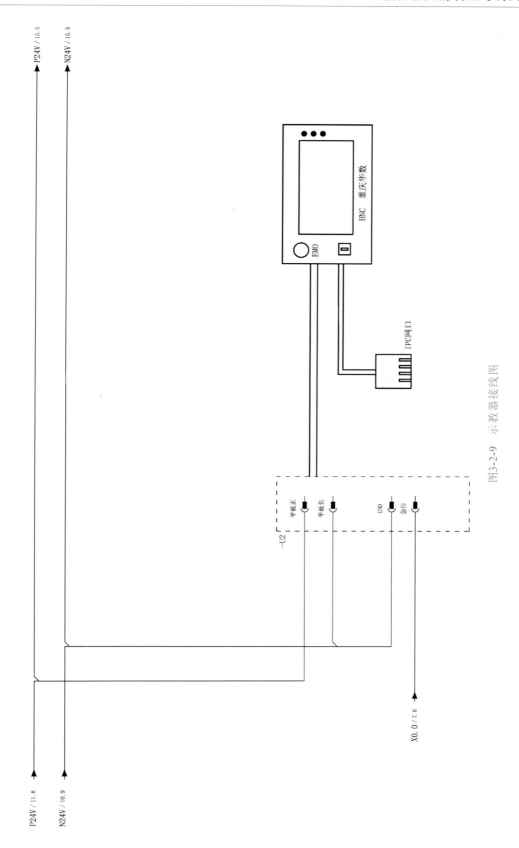

图3-2-9　示教器接线图

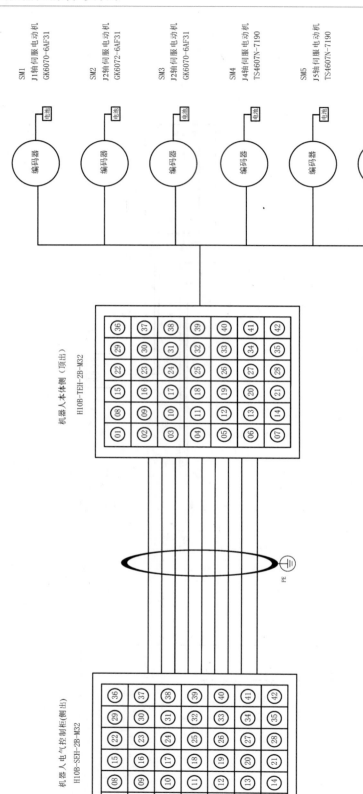

序号	线号	序号	线号	序号	线号	序号	线号	序号	线号	序号	线号
01	1#SD+粉	02	2#SD+粉	03	3#SD+粉	04	4#SD+粉	05	5#SD+粉	06	6#SD+粉
08	1#SD-红	09	2#SD-红	10	3#SD-红	11	4#SD-红	12	5#SD-红	13	6#SD-红
15	1#5V棕	16	2#5V棕	17	3#5V棕	18	4#5V棕	19	5#5V棕	20	6#5V棕
22	1#GND黑	23	2#GND黑	24	3#GND黑	25	4#GND黑	26	5#GND黑	27	6#GND黑

图3-2-10 信号线缆接线图

146

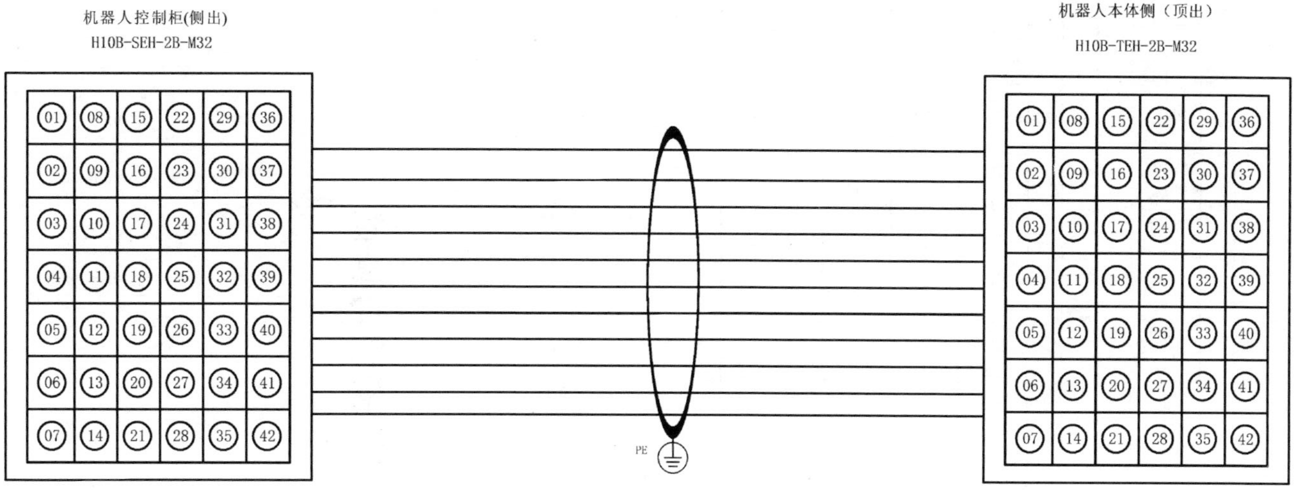

机器人本体侧（顶出）H10B-TEIH-2B-M32

机器人控制柜（侧出）H10B-SEIH-2B-M32

PE

J1~J2轴动力引脚

序号	线号	序号	线号
01	U1	02	U2
08	V1	09	V2
15	W1	16	W2
22	PE	23	PE

J3~J6轴动力引脚

序号	线号	序号	线号	序号	线号	序号	线号
03	U3	04	U4	05	U5	06	U6
10	V3	11	V4	12	V5	13	V6
17	W3	18	W4	19	W5	20	W6
24	PE	25	PE	26	PE	27	PE

J1~J6轴抱闸引脚

序号	线号	序号	线号	序号	线号	序号	线号	序号	线号	序号	线号
29	BK1+	30	BK2+	31	BK3+	32	BK4+	33	BK5+	34	BK6+
36	BK1-	37	BK2-	38	BK3-	39	BK4-	40	BK5-	41	BK6-

图3-2-11 动力线缆接线图

147

展示评估

任务二评估表

基本素养(20分)				
序号	评估内容	自评	互评	师评
1	纪律(无迟到、早退、旷课)(10分)			
2	参与度、团队协作能力、沟通交流能力(5分)			
3	安全规范操作(5分)			
理论知识(20分)				
序号	评估内容	自评	互评	师评
1	元件安装工艺相关知识掌握(10分)			
2	配线相关知识掌握(10分)			
技能操作(60分)				
序号	评估内容	自评	互评	师评
1	元器件合理选择(5分)			
2	元器件合理布局(5分)			
3	强电回路安装正确性(10分)			
4	控制回路安装正确性(10分)			
5	PLC输入回路安装正确性(10分)			
6	PLC输出回路安装正确性(10分)			
7	总线安装正确性(10分)			
综合评价				

思考与练习

1. 华数 HSR-JR608 机器人电气部分调试应注意哪些问题?

2. 设置六轴机器人伺服电动机的参数有哪些?

3. 简述电气控制柜线路的安装步骤。

任务三 六轴机器人整机安装与调试

知识目标

- 掌握六轴机器人调试常用参数。
- 了解伺服电动机工作原理。

技能目标

- 能完成伺服电动机参数设置。
- 能完成 PLC 程序的装置。
- 会使用工业机器人示教器。

任务描述

根据要求,完成华数 ARA-1000D 直角坐标机器人整机的安装与调试,并实现要求工作任务。

任务实施

完成华数 ARA-1000D 直角坐标机器人整机的安装与调试。

一、完成本体与电气控制柜的总线连接

完成机器人本体与电气控制柜的总线连接,并对各电动机逐一进行通电测试,主要检测电气系统能否正常运行和各传动机构运行是否流畅。

二、实现调试任务

在示教器录入以下调试程序,并运行。

1：J P[1] 80 FINE

2：L P[2] 500 mm/sec FINE

3：Y[01,1]＝ON

4：L P[3] 500 mm/sec FINE

5：C P[4] P[5] 500 mm/sec FINE

6：L P[6] 500 mm/sec FINE

7：Y[01,1]＝OFF

8：L P[5] 500 mm/sec FINE

9：END

三、检测

1.定位精度

使用绝对激光跟踪仪,检测机器人定位精度。

2.检测重复定位精度

使用绝对激光跟踪仪,检测机器人重复定位精度,重复定位精度检测应运行调试任务 10 次以上。

3.检测速度

根据用户说明书,检测机器人最大和最小运行速度。

4.检测机器人长度行程

根据用户说明书,检测机器人长度行程。

展示评估

任务三评估表

基本素养(20分)			
评估内容	自评	互评	师评
基本素养			
理论知识(20分)			
评估内容	自评	互评	师评
理论知识			
技能操作(60分)			
评估内容	自评	互评	师评
技能操作			
综合评价			

思考与练习

1.六轴机器人在装调过程中,哪些部分需要调整同轴度?

2.六轴机器人在装调过程中,哪些部分需要调整平行度?

3.简述谐波减速器工作原理。

知识拓展

一、机器人本体整体拆卸基本步骤方法

本体拆卸主要顺序为从六轴机器人末端开始向底座拆卸,拆卸后依部件所标注编号放入对应部件储存处。具体步骤如下。

(1)首先拆卸小臂侧盖,为拆卸小臂内伺服电动机创造拆卸空间。拆卸后的侧盖(见图 3-3-1)和螺钉存放在对应的位置。

(2)拆卸掉小臂对应的 J5 轴、J6 轴伺服电源线,注意不要损坏伺服电动机、电动机线路接头。

(3)拆卸 J6 轴 M4 螺钉,把螺钉放在对应位置。取下 J6 轴电动机组放在对应的位置。在此完成 J6 轴组合的拆卸工作(见图 3-3-2)。

图 3-3-1　小臂侧盖

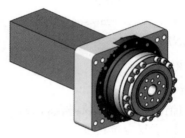

图 3-3-2　J6 轴组合

(4)如图 3-3-3 所示,拧松 J5 轴电动机板并拔出螺丝,取出 J5 轴同步带、J5 轴电动机组合、J5 轴电动机板,放在对应编号处。注意:严禁划伤同步带、损伤伺服电动机线缆。

(5)如图 3-3-4 所示,拧松 J5 轴支承套的 M4 螺钉,再通过顶丝把支承套顶出,放入对应编号处。

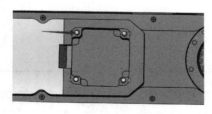

图 3-3-3　J5 轴电动机组合拆装

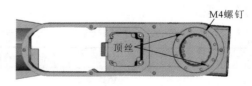

图 3-3-4　J5 轴支承套拆装

(6)如图 3-3-5 所示,通过加长六角扳手把手腕连接体的 M4 连接螺钉拆卸下,稍微用力扳动手腕体,让其连接处的密封胶脱落。

(7)拧下 J5 轴减速器螺钉,取下 J5 轴减速器组合(见图 3-3-6)及手腕体(见图 3-3-7),放入对应编号处。完成对手腕体的拆卸任务。

注意:① 严禁强力敲打减速器;② 防止异物进入减速器内部。

(8)拆下电动机座后盖(见图 3-3-8),放入对应编号处,再将伺服电动机线从 J4 轴减速器的轴孔取出。

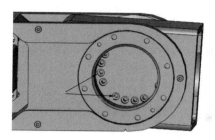

图 3-3-5 手腕松动

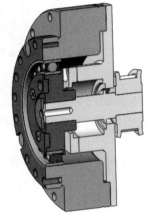

图 3-3-6 J5 轴减速器组合

图 3-3-7 J5 轴手腕体

（9）如图 3-3-9 所示，拧下 J4 轴电动机座的螺钉，取下 J4 轴带轮盖，松掉 J4 轴电动机螺钉，取下 J4 轴电动机组合（见图 3-3-10），均放到对应编号处。

图 3-3-8 电动机座后盖

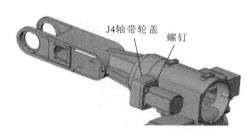

图 3-3-9 拆卸 J4 轴电动机组合

（10）用卡簧钳取下挡圈，利用六角扳手取下 J4 轴减速器外套（见图 3-3-11）的螺钉。松掉小臂和减速器连接螺钉，取下小臂及减速器外套。

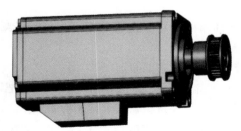

图 3-3-10 J4 轴电动机组合

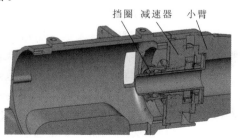

图 3-3-11 拆卸小臂及减速器外套

（11）如图 3-3-12 所示，松掉 J4 轴减速器螺钉，取下 J4 轴减速器（见图 3-3-13），轻放于对应编号处。完成对机器人小臂的拆卸任务。

注意：① 拆装时严禁强力敲打减速器；② 严禁碰撞减速器。

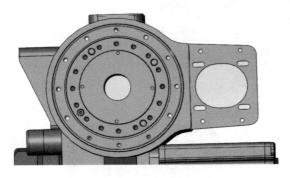

图 3-3-12　J4 轴减速器拆卸　　　　　　　图 3-3-13　J4 轴减速器

（12）取下电动机座侧盖，放在对应编号处（注意：取电动机座侧盖时应注意不要将电动机线的接头弄坏）；松掉 J3 轴伺服电动机的螺钉，小心取出电动机放在对应编号处，如图 3-3-14 所示。

（13）拧下 M10 螺钉，取下电动机座。把取下的电动机座（见图 3-3-15）放在 J3-J4 轴固定座上。注意：减速器内部装有油，取时注意不要让油流出。

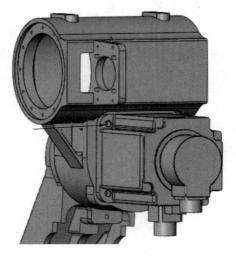
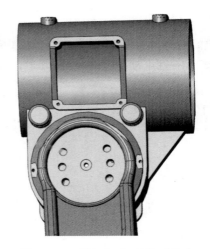

图 3-3-14　J3 轴电动机拆卸　　　　　　图 3-3-15　拆卸 J3-J4 轴电动机座

（14）在 J3-J4 轴固定座上，拧下减速器外壳固定在电动机座上的螺钉，取下 J3 轴减速器放在对应编号处，如图 3-3-16 所示。完成机器人电动机座的拆卸工作。

注意：① 减速器表面有大块油脂清理带，少量的油脂保留在减速器上面，即将减速器带油脂保存；② 减速器严禁强力碰撞和用金属物件敲打。

（15）取下大臂与转座的减速器螺钉，卸掉大臂，把大臂放在桌面上。

（16）把 J2 轴的电动机的螺钉拧下，取出电动机及减速器输入轴，放在对应编号处。把固定在转座的 J2 轴减速器螺钉拧下，取出减速器（见图 3-3-17），完成机器人大臂的拆卸工作。

注意：① 减速器的表面有大块油脂清理带，少量的油脂保留在减速器保留上面，即将减速器带油脂保存；② 减速器和电动机严禁强力碰撞及用金属物件敲打。

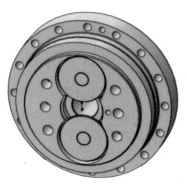

图 3-3-16　拆卸 J3 轴减速器　　　　　　　图 3-3-17　J2 轴减速器

（17）取下机器人底座（见图 3-3-18）上的航空插线板，把机器人本体的线存放在对应的编号处。

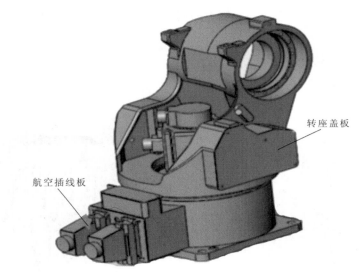

图 3-3-18　机器人底座

（18）拆掉 J1 轴伺服电动机螺钉，取出 J1 轴伺服电动机。用悬臂吊起转座，运输到桌子装配处，拆卸 J1 轴减速器上的螺钉，取出减速器。吊装方式如图 3-3-19 所示。

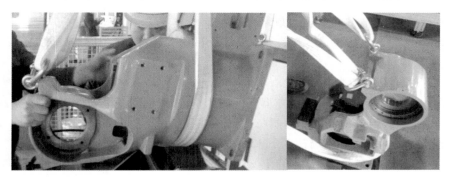

图 3-3-19　吊装方式

注意：① 用卸扣连接吊运环和吊运带；② 让吊运带穿过底座；③ 平行吊运到装配桌 A 上；④ 取下吊运带和卸扣。

（19）取下底座的螺钉，把底座搬运到悬臂吊处，然后用塑料袋把底座封好，防止粉尘落到减速器安装面上。

二、机器人本体整体模块化拆卸基本步骤方法

机器人的模块化拆卸过程基本同于整体的拆卸方法，不同的是在每个模块上拆卸掉部件，而不是整体上拆卸，详细步骤方法如下。

（一）J1-J2 轴拆卸基本步骤方法

（1）用内六角扳手卸除 J2 轴减速器上的 M8 螺钉（见图 3-3-20），取出伺服电动机，取下传动轴，带油脂存入保存袋中。

（2）拧下 J2 轴减速器的螺钉，取下 J2 轴减速器带油脂保存在 J2 轴保存袋中。

（3）用内六角扳手卸除 J1 轴减速器上的 M8 螺钉，取出伺服电动机，取下传动轴，带油脂存入保存袋中。

（4）用活动扳手将安装在铁板的底座上的四个 M12 的螺钉拧下，通过悬臂吊把机器人底座吊到转配台上（见图 3-3-21）。

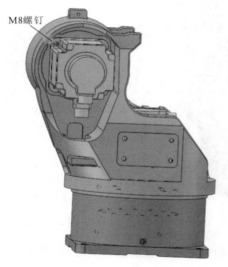

图 3-3-20　J2 轴电动机拆卸

图 3-3-21　底座的吊装

（5）拆掉机器人底座，把底座存放悬臂吊处。

（6）拧下 J1 轴减速器的 M8 螺钉，取下 J1 轴减速器，存放在相应的位置，完成 J1-J2 轴的拆卸任务。

（二）J3-J4 轴拆卸基本步骤方法

（1）用内六角扳手卸除 J3 轴减速器上的 M8 螺钉，取出伺服电动机（见图 3-3-22），取下传动轴，带油脂存入保存袋中。

（2）拧下 J3 轴减速器的螺钉，取下 J3 轴减速器带油脂保存在 J3 轴保存袋中。

（3）拧下 J4 轴电动机螺钉，取下传动带与伺服电动机组合（见图 3-3-23），存入保存袋中。

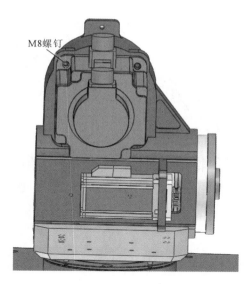

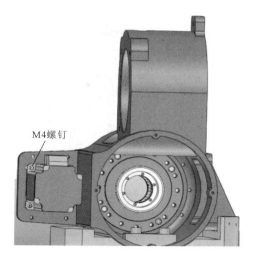

图 3-3-22　J3 轴电动机拆卸　　　　　　　　　图 3-3-23　J4 轴电动机及皮带拆卸

（4）拧下 J4 轴减速器的螺钉放入相应螺钉盒中，取下 J4 轴减速器（见图 3-3-24），分解减速器和带轮，存入相应的保存袋中，完成 J3-J4 轴的基本拆卸任务。

（三）J5-J6 轴拆卸的基本步骤方法

（1）在断掉伺服电动机电源的情况下，取下相应电源线，拧下手腕体连接盖的螺钉，取下 J6 轴伺服电动机组合（见图 3-3-25）。

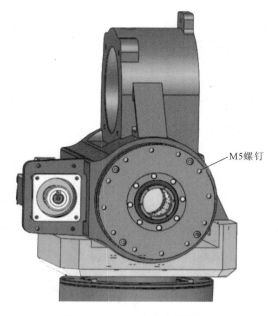

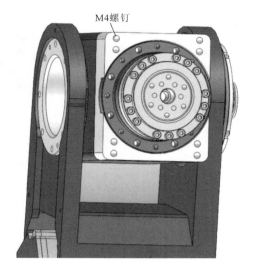

图 3-3-24　J4 轴减速器拆卸　　　　　　　　图 3-3-25　J6 轴伺服电动机组合拆卸

（2）拧下 J5 轴伺服电动机连接板的螺钉，取下传动带和 J5 轴伺服电动机组合，存放在相应的位置。

（3）卸掉 J5 轴支承套的螺钉，用顶丝顶出 J5 轴支承套（见图 3-3-26），存放在相应的保存袋中。

（4）拧下手腕体连接处的 M4 螺钉，轻轻转动手腕体，让密封胶脱落（见图 3-3-27）。注意：润滑油会溢出。

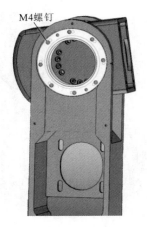
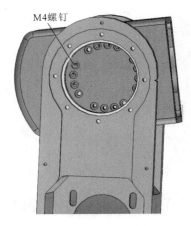

图 3-3-26　拆卸 J5 轴支撑套　　　　　　　图 3-3-27　松动手腕

（5）把取出手腕体后剩下的 J5 轴减速器 M3 螺钉拧下，取下减速器组合和手腕体（见图 3-3-28），拆分手腕体的轴承，存放在相应的保存袋中。完成 J5-J6 轴的拆卸任务。

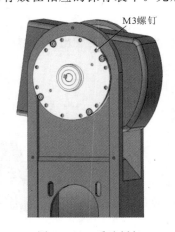

图 3-3-28　手腕拆卸

完成机器人本体整体模块化拆卸。

参 考 文 献

〔1〕 徐灏.机械设计手册〔M〕.北京:机械工业出版社,1995.

〔2〕 逯萍.钳工工艺学〔M〕.北京:机械工业出版社,2008.

〔3〕 技工学校机械类通用教材编审委员会.电工工艺学〔M〕.北京:机械工业出版社,2012.

〔4〕 龚奇平.液压与气动〔M〕.北京:机械工业出版社,2012.

〔5〕 王先逵.机械装配工艺〔M〕.北京:机械工业出版社,2008.

〔6〕 隋冬杰,谢亚青.机械基础〔M〕.上海:复旦大学出版社,2010.

〔7〕 周真,苑惠娟.传感器原理与应用〔M〕.北京:清华大学出版社,2015.